SAMMLUNG GÖSCHEN BAND 677

RÖMISCHE GESCHICHTE

von

FRANZ ALTHEIM
o. Professor an der Freien Universität Berlin

II

BIS ZUR SCHLACHT BEI ACTIUM (31 v. CHR.)

Zweite, verbesserte Auflage

WALTER DE GRUYTER & CO.
vormals G. J. Göschen'sche Verlagshandlung · J. Guttentag,
Verlagsbuchhandlung · Georg Reimer · Karl J. Trübner · Veit & Comp.
BERLIN 1956

Die Gesamtdarstellung umfaßt folgende Bände:

Archiv-Nr. 11 06 77
Satz und Druck: Kahmann-Druck, Berlin-Steglitz
Printed in Germany

INHALT

1. Krise

Tod und Leben waren für die römische Geschichtsschreibung auf besondere Weise verbunden. Der Zeitpunkt des Sterbens, die letzten Handlungen und Worte dessen, der dahinging, erhielten eine einzigartige Bedeutung. Während in solchem Fall die griechischen Historiker das Normhafte innerhalb des Vorganges herausstellten: als etwas, das über das Einzelgeschehen hinausführte und ins Allgemeine verwies, stand es bei den Römern umgekehrt. Im Augenblick des Todes prägte sich Individualität des Sterbenden noch ein letztes Mal in Tat und Rede aus. Mehr noch: sie fand gesammelten Ausdruck. Das Streben, das ein Menschenleben erfüllt und es zu dem gemacht hatte, was es war, verdichtete sich zu einer letzten Äußerung von sinnbildlicher Kraft.

Nascentes morimur finisque ab origine pendet, sagt Manilius. Tod und Werden, Vernichtung und Gestaltung des Lebens berührten sich darin, daß beide Ausprägungen der gleichen, unwiederholbaren und einzigartigen Form darstellten. Dasselbe Gesetz stand über dem einen wie über dem anderen Geschehen. Es schrieb dem Menschen die Art seines Strebens, seines Aufstiegs und Wirkens vor, und es bestimmte, wie er von der Bühne abzutreten hatte. In dem Augenblick, da eine Individualität entstand, lag in der gleichen Form keimhaft das Gesetz seines Lebens und seines Sterbens beschlossen.

Haben die Römer damit Entscheidendes über sich selbst ausgesagt? Dann könnten auch Aufbau und Untergang, Werden und Sterben ihres Reiches unter demselben Gesetze gestanden haben. Sie müßten zwei Aspekte *eines* geschichtlichen Vorganges gebildet haben.

„Les institutions périssent par leurs victoires." In Roms Geschichte sind Krisen Epochen, die solche der Eroberung und Ausdehnung ablösen. Aufstieg und Zerfall, Lebens- und Todesaspekt des Reiches treten sich unmittelbar gegenüber. Krise und Untergang fallen nicht zusammen. Der Untergang ist endgültig. Im Wesen der Krisen hingegen liegt, daß sie vorübergehen, daß sie überwunden werden. Krisen und Untergang scheiden sich auch darin, daß dieser einmalig ist, jene aber sich wiederholen oder doch wiederholen können. Aber das bedeutet nicht, daß sie beliebig wiederholbar sind und überhaupt ohne Folgen bleiben.

Denn eine Krise zeichnet sich gleich einer schweren Krankheit auf dem Reichskörper ein, und jede neue Krise verschärft die Spuren der vorangegangenen. Wie Krankheiten Abbilder des Todes, so sind es auch die Krisen. Sie sind *gespenstische* Vorwegnahmen des Unterganges, der kommen muß und kommen wird. Auch eine überwundene Krise führt einen Schritt weiter dem Ende entgegen.

Schon die erste Krise, die das römische Gemeinwesen durchmachen mußte, weist Züge auf, die für die folgenden von Bedeutung sein sollten. Bereits sie trug einschneidenden Charakter. Der Galliersturm brachte Rom dem Untergang nahe. Und seine Folgen warfen Rom um ein halbes Jahrhundert zurück.

Auf den Rückgang der römischen Macht nach dem Sturz der Tarquinier folgte seit der Mitte des 5. Jahrhunderts eine Reihe von Erfolgen. Sie wurden gegen unmittelbare Nachbarn erfochten, mochten es nun Ardeaten oder Herniker, Latiner oder das etruskische Veji sein. Aber dahinter erhob sich gleichsam eine Wand. Neue Stämme traten Rom in den Weg, hemmten sein Vordringen oder brachten es, wie die Gallier, an den Rand des Abgrundes. Was konnte römische Kraft so bald erschöpfen?

In Wirklichkeit war römische Ausdehnung auf eine Gegenbewegung größten Ausmaßes getroffen. Das 5. Jahrhundert bedeutete für Italien die Zeit der letzten großen Wanderungen. Da war das Vordringen der Gebirgsstämme, zu denen Volsker und Äquer gehörten. Hinter ihnen stand die Bewegung eines dritten und mächtigeren Bergvolkes, der Samniten. Es hat das Aussehen der Apenninhalbinsel stärker umgeformt als irgendeiner der Nachbarn, bis es endlich an Rom den Meister fand. Neben der samnitischen Wanderung bildete der Keltensturm, der über ganz Ober- und Mittelitalien hinwegging und mit seinen Ausläufern bis Apulien reichte, das folgenschwerste Ereignis der Zeit.

Kriegerische und unverbrauchte Stämme waren damit in die Kulturzonen eingebrochen. Unter dem Stoß der Bergstämme, der Kelten versank die altitalische Kultur. Die Verbindung mit dem Griechentum, seiner erweckenden und befruchtenden Kraft, wurde für die Stämme der Apenninhalbinsel, darüber hinaus für den Westen des Mittelmeeres überhaupt und den germanischen Norden abgeschnitten. Mehr als hundert Jahre lastete der „Hiat" auf der abendländischen Welt.

Auch Rom wurde davon betroffen. Und diesmal erweist sich: eben die römische Ausdehnung hat die Krise verursacht, die in dem gallischen Brand gipfelte. Denn erst diese Ausdehnung und ihr Erfolg brachte Rom mit jenen Stämmen zusammen, die ihm Einhalt geboten und den schwersten Rückschlag zufügten. Über beiden Erscheinungen stand das gleiche Gesetz. Krise war der andere Aspekt des allseitigen Eroberns und Vordringens, die den Grundzug des römischen Staatswesens von frühauf bildeten.

Äußerer Krise ging die innere zur Seite. Der Ständekampf, das Ringen zwischen Patriziat und Plebs war nach seinen Stufen außenpolitisch bedingt. Die Zenturienordnung und die damit zusammenfallende Einführung des Hoplitenheeres wurden durch militärische Zwangsläufigkeiten diktiert (Bd. I, S. 52 f.; 66). Heranziehung des besitzenden Bauernstandes zum Heeresdienst hatte die Gewährung von Rechten für die Plebs zur Folge. Die Stärkung des Staates war zugleich Ziel und Folge dieser Bereinigung der inneren Verhältnisse. Auch Zwölftafelgesetzgebung brachte nicht den Sieg eines der Stände, sondern besagte nur, daß auf Grund staatlicher Notwendigkeiten ein dauerhaftes Vertragsverhältnis hergestellt war. Die gleichen außen- und wehrpolitischen Notwendigkeiten führten dazu, daß auch die Latiner in überlegter Abstufung mit dem Voll- und Halbbürgerrecht oder einem eigenen latinischen ausgestattet wurden (Bd. I, S. 75 f.).

1.

Aufs Grundsätzliche hin gesehen, zeichnen sich in der Krise des 2. Jahrhunderts v. Chr. dieselben Erscheinungen ab. Auch in diesem Zeitraum vollzogen sich gewaltige Völkerbewegungen und politische Umwälzungen. Sie ergriffen die alte Welt von der Donau und Südrußland im Westen bis zum Huang-ho im Osten, vom Wattenmeer im Norden bis zum Persischen Golf im Süden. Alle diese Ereignisse waren um so eingreifender, als sie mit einer Veränderung der Kampfesweise verknüpft waren. Neben die schwerbewaffnete Infanterie der Phalanx und Legionen trat die Reiterei. Gegliedert in leichtbewaffnete Bogenschützen und eine gepanzerte Truppe, meldete sie ihren Anspruch als schlachtentscheidende Waffe an. Ihren Ausgangspunkt nahm die Umwälzung bei den Reiterstämmen Mittelasiens[1]).

In das 2. Jahrhundert fällt, wenn auch nicht das erste Auftreten der Parther, so doch die Begründung und Ausbreitung ihres iranischen Reiches. Im Zusammenhang damit stand das Eindringen nordiranischer Nomadenstämme in Ostiran, die Aufrichtung des Hunnenreiches unter Mau-dun und dessen erster Zusammenstoß mit dem China der Han. Alle diese Vorstöße waren Teile einer einzigen Bewegung, die von der Äußeren Mongolei ihren Ausgang nahm, über die turanische Steppe und den Nordrand von Iran sich bis nach Südrußland erstreckte. Westlichster Ausläufer waren die Sarmaten, die in Südrußland eindringend die Herrschaft der Skythen stürzten und zusammen mit den von Nordwesten her kommenden Germanenstämmen, Bastarnen und Skiren, sich festsetzten. Ihnen folgten die Kimbern eine Strecke Wegs, weit genug, um, teilweise durch ostkeltische Vermittlung, bestimmte Formen der Reitervölker sich anzueignen. Zusammen mit dem Wander-

[1]) Zum Folgenden: F. Altheim, Niedergang der Alten Welt 1 (1952).

karren[2]), den Formen des pontischen Kunsthandwerks und der schweren Reiterei wurde der iranische Eisenpanzer übernommen[3]). Auch die verstellte Flucht als Bestandteil der reiterlichen Taktik fand bei ihnen Eingang[4]). Daß die Kimbern Wodan kannten, wurde längst ausgesprochen. Da sie ihm nach dem Sieg bei Arausio die Streitrosse der Römer opferten[5]), werden sie sich ihn beritten gedacht haben. Wodan zu Pferd rückt damit in eine Reihe mit den Reitergöttern und -heroen der Thraker oder der Nomaden.

Auch die Kimbern gehörten der großen Wander- und Sturmflut an, die die Völker Eurasiens erfaßt hatte. Unter dem furchtbaren Druck dieser Bewegung gingen die Han dazu über, die ererbte Kampfesweise des chinesischen Heeres, zu Fuß oder auf dem Streitwagen, zugunsten des nomadischen Reitens aufzugeben. In Baktrien brach die Herrschaft der Griechen unter dem Druck der Tocharer (Yüedschi) und anderen Nomaden zusammen, und das seleukidische Reich verlor an die Parther alle Provinzen bis zum Oberlauf des Euphrat. Der Stoß war in den südrussischen Griechenstädten ebenso spürbar wie an der Nordgrenze Makedoniens, an der die germanischen Bastarnen auftraten. Damit nicht genug: auch auf dem Balkan, in Nordafrika und Spanien erlebten Reiterei und reiterliches Kämpfen einen Aufschwung.

Die Thraker gehörten zu den Stämmen, die am frühesten seitens der Nomaden das gerittene Pferd übernommen hatten. Dorther stammte auch die thrakische Tracht — Gürtel und lange Hose, hoher Stiefel und Radmantel — sowie die Bewaffnung mit Sichelschwert, Stoßlanze, Bogen und Lasso[6]). Berühmt war die Pferdezucht der Thraker. Auch die Wagenburg, die Vorliebe für die Jagd, die Drachenfahne mit dem Wolfskopf[7]) hatten sie von den

2) F. Altheim, a. O. 1, 121.
3) F. Altheim, a. O. 1, 96.
4) Plutarch., Mar. 25, 10 f.
5) Altheim-Trautmann, V. Urspr. d. Runen 75; Kimbern und Runen ² 44.
6) F. Altheim, a. O. 2, 7; thrakische Rüstung: T. Iwanow, Fouilles et Recherches (Musée National Bulgare) 1, 99 f.
7) G. Kazarow, CAH. 8, 546; A. Alföldi, CAH. 12, 218 Anm. 2.

Nomaden erhalten. Selbst die thrakischen Götter waren beritten, auf Pferden oder auf dem Hirsch[8]).

In Nordafrika bildete der Streitwagen die ursprüngliche Waffe der einheimischen Stämme[9]). Herodot und die Felsbilder des Fezzan bezeugen dies übereinstimmend. Von den Libyern übernahmen Karthagos Heere den Wagenkampf. Aber das einheimische, durch Ausdauer und Bedürfnislosigkeit ausgezeichnete Pferd ließ sich auch zum Reiten verwenden. Ein Halfter oder ein Stock genügte, um die wohldressierten Tiere zu lenken[10]). Vor Agrigent 262 erschien erstmalig die Reiterei der „Nomaden" oder, was dasselbe war, der Numider. Über Regulus' Katastrophe bei Tunis, über Cannae und Zama führte die Bahn ihres Erfolges aufwärts. Weniger der geschlossene Choc als das hinhaltende Gefecht, die verstellte Flucht, Überfall und Plänkelei waren die Stärke der numidischen Reiter. Eine Besonderheit war der Gebrauch des Wurfspeeres an Stelle des Bogens.

Auch in Spanien, zumal bei den Keltiberern, tauchte eine flinke und bewegliche Reiterei auf. Darstellungen[11]) zeigen als Bewaffnung Rundschild und Speer. Diese Reiter unterschieden sich ebenso von dem berittenen Adel der benachbarten Gallier, der schwer bewaffnet und in geschlossener Masse angriff, wie sie den Numidern ähnelte. Darin äußerte sich die blutsmäßige Verwandtschaft des iberischen Bevölkerungsteils mit den Bewohnern Nordafrikas.

All diese Völkerverschiebungen und das davon untrennbare Vordringen der reiterlichen Kampfesweise sollten sich auch in Roms Geschichte abzeichnen.

2.

Der römische Siegeszug ging zunächst weiter. Mit der Vernichtung des makedonischen Königtums änderte man die Haltung auch gegenüber Karthago. Übergriffe, die sich

---

8) G. Kazarow, RE. 6 A, 506; Arch. ért. 1942, 250.

9) F. Altheim, Röm. Gesch. 2, 282 f.; Niedergang der Alten Welt 2, 8; J. Junge, Klio 34, 37 Anm. 1.

10) Strabon 17 p. 828.

11) F. Altheim, a. O. 2. 11.

Massinissa von Numidien auf karthagischem Gebiet erlaubte, wurden von römischen Schiedsrichtern zu seinen Gunsten entschieden. In Rom drängte die Kriegspartei, mit M. Porcius Cato an der Spitze, unablässig auf Vernichtung der einstigen Nebenbuhlerin. Die Mehrheit des Senats, unter Führung des P. Cornelius Scipio Nasica Corculum, widersprach[12]). Aber Karthago selbst lieferte den Anlaß zum Eingreifen. Durch einen Krieg gegen seinen Bedränger Massinissa, den es ohne Roms Erlaubnis führte, verstieß es gegen den Frieden von 201. Rom beantwortete die Vertragsverletzung mit der Kriegserklärung (149). Friedenshoffnungen vorspiegelnd, verlockte man die Karthager zur Auslieferung ihres Kriegsgerätes. Doch mit verzweifelter Kraft schufen sich die Betrogenen eine neue Rüstung. Eine lange Belagerung wurde notwendig. Erst 146 eroberte nach erbittertem Kampf und gegen heldenhafte Verteidigung P. Cornelius Scipio Aemilianus, der Adoptivenkel des Siegers von Zama, die Stadt. Sie wurde zerstört und die Bewohner, soweit sie nicht umgekommen waren, in die Sklaverei verkauft. Das Landgebiet wurde außer den Teilen, die Numidien verblieben, römische Provinz.

Auch im Osten kam es damals zu den ersten Annexionen. Nach dem Krieg mit Perseus gelangten Griechenland und Makedonien nicht zur Ruhe. Der Abenteurer Andriskos, der sich als Nachkomme des letzten Makedonenkönigs ausgab, fand im Lande Anhang und mußte niedergeworfen werden. Makedonien zusammen mit Epeiros, Apollonia und Dyrrhachion wurde 148/7 zur Provinz gemacht. Die *via Egnatia* wurde als Verbindung zwischen Dyrrhachion und Thessalonike, zwischen dem Adriatischen und dem Ägäischen Meer angelegt.

In Griechenland gingen die inneren Zwistigkeiten weiter. Der Streit um das boiotische Oropos, das Athen beanspruchte, führte 155 zur berühmten Gesandtschaft der Philosophen und Rhetoren, die ihre Vaterstadt vor dem Senat vertraten. Im Jahre 148 gedachte der achäische Bund

---

[12]) M. Gelzer, Philol. 86, 261 f.

die Schwierigkeiten in Spanien (unten S. 15 f.), den Kampf mit Karthago und Andriskos zu benutzen, um sich römischer Bevormundung zu entziehen. Als Verhandlungen ergebnislos blieben, erklärte Rom den Krieg. Der Konsul L. Mummius warf 146 durch seinen Sieg bei Leukopetra die Achäer nieder und zerstörte Korinth, den Ausgangspunkt der romfeindlichen Bewegung. Griechenland wurde der Aufsicht des Statthalters von Makedonien unterstellt.

Auf Afrika und Makedonien folgte Kleinasien. Im Osten hatte 155 der spätere Ptolemaios Euergetes II., damals König von Kyrene, daran gedacht, sein Land den Römern zu vermachen. Er war darin ein Vorgänger Nikomedes' III. von Bithynien, Ptolemaios' Apion von Kyrene und des wichtigsten dieser Klientelkönige: Attalos' III.[13]). Dieser letzte Herrscher von Pergamon vermachte 133 sein Reich und seinen sonstigen Besitz den Römern. Nachdem man auch hier einen Prätendenten, Aristonikos, hatte niederwerfen müssen, wurde die Provinz Asia eingerichtet. Vorübergehend an östliche Bundesgenossen abgetretene Teile des pergamenischen Besitzes kamen bald zur Provinz zurück.

Überall war man im Vordringen. Und doch stand ein siegreiches Rom von der Mitte des 2. Jahrhunderts ab in schwerem Kampf. Polybios betrachtete das Erfolgsjahr 168/7 als Wendepunkt und Epochenjahr. Niemals seit dem hannibalischen Krieg wurden die Listen der römischen Wehrfähigen so dezimiert wie in den vierziger und dreißiger Jahren des Jahrhunderts[14]). Roms Heere, eben noch Sieger über eine Welt, erlitten im Kampf mit Lusitaniern und Keltiberern schwere Schlappen. Um das keltiberische Numantia, eine Stadt von wenigen tausend Wehrfähigen, zu bezwingen, mußten der beste Feldherr und alle Machtmittel aufgeboten werden. Auf dem Balkan flackerten die Grenzkämpfe immer wieder auf. Nur nach langwierigem

---

13) Zuletzt G. J. Luzzato, Epigrafia giuridica Romana e Greca 111 f., wo die ältere Literatur verzeichnet ist; vgl. noch M. Rostovtzeff, CAH. 9, 225 f.; 226 Anm. 1.

14) A. Schulten, Numantia 1, 264 f.; Gesch. v. Numantia 5 f.; abweichend T. Frank, An Economic Survey of Ancient Rome 1, 216 Anm. 2; CAH. 8, 343.

Ringen wurde man der Numider, nach einer Reihe von Niederlagen der Kimbern und Teutonen Herr. Mit den mithridatischen Kriegen schien der Osten sich neu zu erheben; eine nationale Reaktion war allenthalben spürbar.

Was war geschehen?[15])

3.

Die hellenistischen Staaten hatten, solange sie ungebrochen dastanden, den Schutz der Kulturgebiete gegen die allseitig andrängenden Randvölker übernommen. Makedonien hielt Thraker, Illyrier und Balkankelten im Schach. Fern im Osten setzte das griechische Baktrien den iranischen Reiternomaden, die aus den Steppen Westturkestans herandrängten, eine Schranke. Antiochos III. hatte bei seiner „Anabasis“ ein anderes Nomadenvolk, die Parther, zu Paaren getrieben.

Diese geschichtliche Mission der Nachfolgestaaten Alexanders wurde auch von den Gegnern anerkannt. Als im Kampf mit Antiochos III.: Euthydemos von Baktrien zu erliegen schien, veranlaßte die Drohung, man werde die Nomaden über die Grenze rufen, den Sieger zum Einlenken. Im Jahre 192 hielt Makedoniens Aufgabe, die Nordgrenze Griechenlands gegen die dort angrenzenden Barbaren zu schirmen, Flamininus davon ab, dem Wunsch der Aitoler nach Vernichtung des Antigonidenhauses zu willfahren. Nachdem durch den Friedensvertrag ihm die Hände gebunden waren, wandte sich Philipp V. dem Norden zu. Die Römer ließen ihn gewähren, obwohl sein Tun und mehr noch seine Pläne sich letztlich gegen sie selbst richteten.

Erst durch die Vernichtung der hellenistischen Staaten wurde diese Ordnung aufgehoben.

In Makedonien bewährte sich die Aufteilung in vier Republiken, wie sie nach 167 erfolgte, keineswegs: vor allem nicht nach außen, gegen Dardaner und Thraker. Andriskos gewann mit thrakischer Hilfe den Thron vorübergehend

[15]) Zum Folgenden: F. Altheim, a. O. 2, 13 f.; vgl. Forsch. und Fortschr. 1943, 297 f.

zurück. Auch in Aristonikos' Erhebung griffen die Thraker ein. Thrakische Söldner kämpften in Mithridates' Heer und, von ihm aufgewiegelt, suchten die gleichen Thraker 91 die makedonische Grenze heim. Ähnlich lagen die Verhältnisse in Illyricum, wo Dalmater den Druck ausübten. Auch als Makedonien Provinz geworden war, und von dort aus Illyrien und Epeiros mitverwaltet wurden, brachen die Kämpfe mit den Nachbarstämmen, vor allem mit den keltischen Skordiskern, nicht ab.

Schon hier zeigt sich das Neue. Mit den hellenistischen Staaten hatte Rom die Schranken, die die Mittelmeerländer gegen die barbarischen Randvölker abschirmten, niedergerissen. An den Platz der in ihrer Überlieferung erstarrten, alt und ruhebedürftig gewordenen Kulturstaaten traten junge und unverbrauchte Völker, denen Grenzüberfälle, Raubzüge, Plünderung und Kampf zum täglichen Leben gehörten. Die barbarischen Grenzstämme waren militärisch schwerer zu fassen als die bisherigen Gegner; auch ein siegreicher Krieg kostete oft mehr, als er einbrachte. Man war vor neue Aufgaben gestellt, und schon zeichneten sich die beweglichen und kampfkräftigen Reitervölker als furchtbarer Feind ab.

Für das Seleukidenreich hatte die Niederlage Antiochos' III. zur Folge, daß der wiedergewonnene Osten der Zentralgewalt erneut entglitt. Antiochos IV. konnte nur vorübergehend weiterem Verfall steuern. Rom benutzte die Minderjährigkeit des Nachfolgers, um durch Verbrennung der Flotte und Untauglichmachung der Kriegselefanten die neuaufgebaute Reichsgewalt zu schwächen; Aufstände und Prätendenten wurden von gleicher Seite her moralisch gestützt. So konnten die neuerstarkten Parther Stück für Stück des Reichsgebietes an sich reißen. Weiter im Osten wurde das durch äußere und innere Kämpfe geschwächte Baktrien um 130 die Beute seiner nordiranischen Nachbarn.

Die Römer gerieten erst durch die Kämpfe mit Mithridates IV. Eupator von Pontos (Alleinherrscher seit 111) in Berührung mit der iranischen Welt.

Im pontischen Königreich umsäumten griechische Küstenstädte ein Binnenland, das dem benachbarten Armenien und Kappadokien glich. Dörfer und Adelsburgen bestimmten das Bild; daneben mächtige Tempelstaaten, die gleichfalls dörflich geblieben waren[16]). Mithridates trat zwar in der Krim als Beschützer der Griechenstädte gegen die iranischen Sarmaten und Roxolanen, die germanischen Bastarnen auf[17]). Aber er und sein Adel waren iranischer Abstammung[18]). Auch der Kult wurde unter iranischen Formen dargebracht[19]).

In Pontos blühte die Rossezucht[20]) wie in Armenien und Medien. Neben einer Phalanx nach makedonischer Art stand eine zahlreiche und tüchtige Reiterei, die den Römern oft zu schaffen machte[21]). Darüber hinaus brachte der König Bastarnen, Thraker und die Stämme des Kaukasus gegen Rom in Bewegung. Armenische, sarmatische und skythische Reiter kämpften in Mithridates' Heeren. Noch ganz zuletzt gedachte er sich der Skythen als Bundesgenossen gegen Rom zu bedienen.

Mit jedem Schritt weiter nach Osten geriet Rom tiefer in diese Welt.

Schon Antiochos III. hatte in der Schlacht bei Magnesia arabische Dromedarreiter, berittene Bogenschützen und 6000 Kataphrakten aufgeboten, bei denen nach iranischer Weise Mann und Roß gepanzert waren. Als Mithridates von Lucullus geschlagen und aus seinem Reich vertrieben war, wandte er sich um Hilfe an die Herrscher der Parther und Skythen, vor allem aber an Tigranes von Armenien. Auch dieses war, wie Sprache und Religion zeigen, tief von iranischen Einflüssen durchdrungen. Es gab Gebiete, die aus-

---

16) Appian., Mithr. 269; 271; Strabon 11 p. 532 f.; 535; 537; 539; 557; 559; M. Rostovtzeff, CAH. 9, 212 f; 214 f.; 223; 225; C. B. Welles, Royal Correspondence Nr. 18 Z. 2 und S. 302 f.

17) B. Latyschew, Inscr. or. sept. Ponti Eux. 1², 349; M. Rostovtzeff, CAH. 9, 229 f.; 232.

18) Appian., Mithr. 27; 30.

19) Appian., Mithr. 277; Strabon 15 p. 732; F. Cumont, Studia Pontica 176 f.; Bidez-Cumont, Les mages hellénisés 1, 30.

20) Strabon 11 p. 547; 561.

21) Appian., Mithr. 194; 325; 356 f. u.a.m.

gezeichnet waren durch ihre Pferde und darin mit den Nysäischen Gefilden Mediens wetteiferten. Die Reiterei und besonders die Kataphrakten Armeniens werden rühmend genannt. Tigranes führte angeblich 55 000 Berittene gegen die Römer zu Feld, darunter 17 000 Kataphrakten. Diese standen in der Entscheidungsschlacht bei Tigranokerta auf dem linken Flügel (69 v. Chr.).

Nur der grundbesitzende Adel konnte die Kosten der Rüstung für Mann und Tier, für die Aufzucht der schweren Streitrosse tragen; leichte Reiterei mochte sich aus den ländlichen Hintersassen der Barone rekrutieren. Noch wurden die Kataphrakten und die berittenen Bogenschützen den Römern nicht gefährlich. Aber anderthalb Jahrzehnte später erlagen die sieben Legionen des M. Licinius Crassus dem parthischen Reiterheer des Surenas bei Karrhai. Kataphrakten waren in ihm mit dem Aufgebot berittener Schützen vereinigt. Ein Troß von 1000 Dromedaren sorgte dafür, daß diesen die Pfeile nicht ausgingen.

Crassus' Niederlage besagte, daß den Römern bei ihrem Vordringen nach Osten eine Grenze gesetzt war. Das Ergebnis wurde nur geringfügig und nur vorübergehend geändert.

In Spanien trat Rom das Erbe Karthagos und der Barkiden an. In Afrika rückte es nach Zerstörung der Stadt an die Stelle der großen Gegnerin selbst.

Die spanischen Provinzen an der Ost- und Südküste wurden von einer Bevölkerung bewohnt, die an Unterwerfung bereits gewöhnt war. Aber im Innern und in Lusitanien hausten kriegrische und kräftige Stämme. Sie litten an Landmangel und suchten darum die fruchtbaren Ebenen an den Flüssen und an der Küste heim. Griff man diese Keltiberer und Lusitanier im eigenen Lande an, so wandten sie im gebirgigen und wasserlosen Terrain ihre Guerillataktik mit Erfolg an. Auch der scharfe Klimawechsel der spanischen Meseta setzte den Römern zu. Zwanzig Jahre zog sich der lusitanische Krieg hin (158—138), und nur durch die Ermordung Viriathus' wurde man seiner Herr. Verlustreich und langehin erfolglos blieben die Kämpfe mit den Iberern (153—151; 143—133). P. Cornelius Scipio Aemilianus, Eroberer Karthagos, mußte aufgeboten werden, um das kleine Numantia niederzuwerfen, dessen Wehrkraft auch in den besten Zeiten kaum über 8000 Mann betragen hatte.

Ähnlich stand es in Nordafrika. Karthago hatte die dortigen Stämme in Schach gehalten, aber es hatte sie zugleich mit ihrer Kultur durchdrungen. Numidische Religion und numidische Sprache, mit den berberischen und kanaresischen Mundarten verwandt, hatten vom punischen Nachbarn her starke Einflüsse empfangen. Nach dem Frieden von 201 wurde von Rom das unter Massinissa geeinigte Numidien als unbequemer und gefährlicher Nachbar Karthago an die Seite gesetzt. Als nach dem Untergang der Stadt die römische Provinz Africa entstand, suchte man die neugeschaffene numidische Macht durch Erbteilung zu schwächen. Aber so leicht wurde man der Lage nicht Herr. Das unter dem fähigen und verschlagenen Iugurtha erneut zusammengefaßte Numidien wurde zu einem Gegner, der zu langwierigen Feldzügen zwang. Die Nachwirkungen auf die innere Politik Roms waren ebenso nachhaltig wie auf die Organisation des römischen Heeres. Unterlegenheit der langsamen Legionsinfanterie gegenüber der schnellen Reiterei des Feindes wurde durch die Natur des numidischen Hochlandes noch verstärkt. Q. Metellus und C. Marius brachten endlich den Erfolg. Die Gefangennahme Iugurthas, die der Kühnheit und Gewandtheit des Prätors L. Sulla verdankt wurde, machte dem Kampf ein Ende. Aber in Numidien, ebenso später in Mauretanien, leistete die dort heimisch gewordene punische Kultur und der von den Königen begünstigte Hellenismus noch langehin der Romanisierung Widerstand.

Der schärfste Stoß kam von Norden. Angeblich durch Sturmfluten aus ihrer Heimat vertrieben, wanderten die Kimbern, Ambronen und Teutonen nach Süden. Sie stießen auf die Barre, die keltische Ostwanderung von Gallien bis zum Balkan aufgerichtet hatte, und die seit dem 4. Jahrhundert das germanische Nordeuropa vom mittelmeerischen

Süden trennte. An zwei Stellen drangen sie durch: in Noricum und in Südgallien. Hier wie dort hatte römische Ausdehnung eingesetzt und hatte die Widerstandskraft des keltischen Sperriegels erschüttert. Am Oberlauf von Save und Drau standen die Taurisker seit 115 unter römischem Schutz. Zwischen Feistritz und Paternion[22]) wurden die Römer 113 bei Noreia geschlagen. Auch in Südgallien waren die Stämme des unteren und mittleren Rhonetals dem römischen Einfluß unterworfen, 121 die mächtigen Arverner[23]) besiegt worden. Volker und Allobroger hatte man nach 121 einer neuen Provinz einverleibt, die von der 118 gegründeten Bürger-Kolonie Narbo Martius die Bezeichnung Gallia Narbonensis erhielt. Wie das in Noricum stehende Heer bei Noreia, so wurde Roms Streitmacht an der Rhone in der Doppelschlacht bei Arausio 105 geschlagen. Erst weiter im Süden, bei Aquae Sextiae, scheiterte der Vorstoß der Teutonen und Ambronen[24]) an Marius' Kriegskunst. Als gleichzeitig die Kimbern über Brenner und Etschtal nach der Transpadana durchbrachen, wurden sie durch Marius und seinen Amtskollegen Q. Lutatius Catulus auf den Raudischen Feldern bei Vercellae im Hochsommer 101 besiegt und größtenteils vernichtet.

Wiederum das Vordringen Roms hatte zur Berührung mit den Germanen geführt. Wiederholte Niederlagen Roms bahnten diesen den Weg. Zum ersten Male tauchte vor Rom das Gespenst der germanischen Völkerflut auf.

Überhaupt waren es die römischen Eroberungen, die die militärische und außenpolitische Krise hervorriefen. Indem man die vorhandenen Randstaaten schwächte oder zerbrach, schuf man sich statt altgewordener, verbrauchter Gegner neue und kräftige. Ungestüm drängten junge und kampfesfrohe Barbaren über den Schutzwall, der sie gehemmt hatte und jetzt von innen aufgebrochen wurde, gegen die Grenzen des römischen Machtbereiches vor.

---

22) F. Miltner, Klio 39, 108.
23) A. Grenier in: An Economic Survey of Ancient Rome 3, 402 f.; a. O. 408: kulturelles Sinken des keltischen Latène.
24) Altheim-Trautmann, Kimbern und Runen 2 31 f.; Niedergang der Alten Welt 2, 404 f. Anm. 96 (gegen Miltner).

3.

Die neuen Aufgaben der Kriegsführung verlangten neue Mittel. An die Stelle der Kohorte trat der Manipel als kleinere Einheit. Alle Legionäre wurden jetzt einheitlich mit dem Schwert für den Nahkampf und dem von Marius verbesserten Pilum als Wurfwaffe ausgerüstet. Im Tragen des Gepäcks, in Schanzen und Lagerbau, im Dauermarsch und im Laufen wurden die Anforderungen erhöht. Man marschierte im Karree, nach allen Seiten gesichert und durch Leichtbewaffnete und Reiter gedeckt. Mit Spezialtruppen aller Art ausgerüstet, bildete sich die Legion zu einem autarken Truppenkörper um.

In der Verwendung von Numidern und Spaniern, Thrakern und Galatern als Reiterei, von anderen Stämmen als Bogenschützen und Leichtbewaffneten zeigt sich eine Spezialisierung, die bisher der hellenistischen Kriegskunst eigentümlich war. Maurische Reiter unter ihrem einheimischen Fürsten Boguas haben die Schlacht bei Munda zu Caesars Gunsten entschieden[25]). Daneben errang die militärische Technik, ebenfalls nach hellenistischem Vorbild, eine Vormachtstellung. Mit einer Kette von Verschanzungen und Lagern, mit 300 Katapulten und 50 Ballisten, bezwang der jüngere Scipio Numantia. Mittels einer ähnlichen Sperrlinie wurden Spartacus und sein Sklavenheer in Süditalien eingeschlossen. Zum ersten Male zog sich römische Kriegsführung hinter den Schutzwall des Materials zurück und verzichtete auf den persönlichen Einsatz zugunsten der Massenhaftigkeit und des Schwergewichts der Technik.

Grundlegende Veränderung im sozialen Aufbau des Staates waren vorangegangen. Die mittlere und kleine Bauernschaft hatte sich von jeher gegen die Eroberungspolitik gewandt, die der Stellung von Senat und Nobilität diente, aber den einfachen Mann stark in Mitleidenschaft zog. Vertreter dieser Schichten war M. Porcius Cato, und als solcher wandte er sich gegen den Einfluß der Scipionen,

[25]) Dio 43, 36, 1; 38, 2; F. E. Adcock, CAH. 9, 703; Kromayer-Veith, Antike Schlachtfelder 1, 569 f.

in denen sich jene Politik verkörperte. Etappen dieses Kampfes waren der Scipionenprozeß von 189 und Catos Zensur 184, wodurch sich die Niederlage seiner adeligen Gegner vollendete. Der Sieger über Hannibal ist als einfacher Privatmann auf seinem kampanischen Gut gestorben.

Noch tiefer aber griffen die Folgen der militärischen Krise in das römische Staatsgefüge ein. Jenes Bürger- und Bauernheer, das Hannibal und Antiochos III., Philipp und Perseus besiegt hatte, versagte vor den Aufgaben, die der Krieg in Spanien und Nordafrika, die die Germanenkämpfe stellten. Tiefe Lücken rissen die Verluste in die Reihen der römischen Bauernschaft. Bestellung der Äcker litt unter der Abwesenheit der Besitzer, die jahrelang auf auswärtigen Kriegsschauplätzen fochten. Überflutung des Geldmarktes mit Beutegeldern, mit Tributen und Kriegsentschädigungen, die den Besiegten auferlegt wurden, führten zu umfangreichen Aufkäufen von Bauerngütern. Die Sklavenmärkte füllten sich mit Kriegsgefangenen, mit der Bevölkerung eroberter Länder und Städte. Und, unheilvolle Folge, das gesamte Mittelmeerbecken, von Sizilien bis Kleinasien und Südrußland, wurde im letzten Drittel des 2. Jahrhunderts von Sklavenrevolten heimgesucht[25a]). Die Masse und Billigkeit dieser unfreien, meist dem hellenistischen Osten entstammenden Arbeitskräfte ermöglichten den landwirtschaftlichen Großbetrieben einen Wettbewerb, gegen den der mittlere und kleine Besitzer wehrlos war. Der Bauernstand, bisher unerschöpflicher Quell römischer Volks- und Wehrkraft, war aufs schwerste bedroht.

So geschah es, daß umfangreiche Gutsbezirke mit Sklavenwirtschaften die bisherigen freien Bauernbetriebe verdrängten. Auf der anderen Seite strömte die Masse der entwurzelten Kleinbauern und Landarbeiter in die Städte, zumal nach Rom. In einer seiner Reden sprach Tib. Grachus davon, daß Tiere ihre Lagerstätte und Schlupfwinkel haben, aber daß die, welche für Italien kämpfen und ster-

---

25a) Iambulos' Sonnenstaat als Ideologie des ersten sizilischen Sklavenaufstandes und der Revolte des Aristonikos: F. Altheim, Röm. Religionsgesch. 2 (1953), 37 f.

ben, unstet im Lande herumziehen. Daß die Feldherrn lügen, wenn sie zur Verteidigung der heimischen Heiligtümer und Gräber aufrufen: wo doch keiner etwas Derartiges sein Eigentum nennen könnte, wo den angeblichen Herren der Welt kein Fleckchen Erde gehöre. In den Straßen Roms tauchten damals die ersten mehrstöckigen Mietshäuser auf[26]). Eine Großstadt wie das späthellenistische Seleukeia am Tigris zeigt in den gleichen Jahren ähnliche Hausformen[27]).

Zweites Jahrhundert v. Chr. gilt als die Zeit, da die Religionen des hellenistischen Ostens, Astrologie, persisch-chaldäische Lehren und Hierodulenwesen in Rom ihren Einzug hielten. Es war die 213 in die Stadt geflüchtete *rustica plebs*, bei der die fremden Kulte erstmalig Fuß faßten[28]). Der Bacchanalienskandal der Jahre 188—181 zeigt die Plebs als Träger einer ähnlichen Bewegung[29]), und vor Numantia hielt sich der gemeine Soldat Seher und Opferschauer zu eigenem Gebrauch[30]). Der Niedergang der mittleren und kleineren Bauernschaft, das Zusammenströmen entwurzelter und besitzloser Massen in der Hauptstadt bildeten die Voraussetzung einer religiösen Haltung, die der römischen fremd, wenn nicht entgegengesetzt war. Ekstase, geheime Begehungen, die Sehnsucht nach Offenbarung, der Ruf nach innerer Befriedung und Seelenheil — kurzum, die unvornehmen Instinkte der Unteren und Schwachen drängten sich hervor. Es waren alle jene Züge, die man zur „Religiosität der sozial negativ Privilegierten“[31]) gerechnet hat.

Eben dieses besitzlose Proletariat fand jetzt seinen Weg ins Heer und gestaltete es um. Bis Marius handelte es sich um ein Bürgeraufgebot, das im Falle des Krieges einberufen wurde. Nur wer sich selbst ausrüsten konnte, wer den fünf *classes* der Zenturien angehörte, wurde zum Dienst heran-

26) Plutarch., Sulla 1; Porcius Licinus bei Sueton., v. Terent. 2 Ende; vgl. F. Leo, Gesch. d. röm. Lit. 1, 234 Anm. 2; 436 Anm. 3.

27) A. Boëthius, Opusc. arch. 1, 2, 179 f.

28) F. Altheim, a. O. 2 (1953), 54 f.

29) F. Altheim, a. O. 2 (1953), 77 f.

30) Appian., Ib. 85.

31) W. Weber, Wirtsch. u. Gesellsch. 1², 277 f.

gezogen. Der kleine und mittlere Besitzer stand oft jahrelang im Felde, während der Besitzlose zu Hause blieb. Man hatte diesen Zustand zu bekämpfen versucht, aber erst Marius beseitigte ihn in seinem Konsulat 108 und wies die *proletarii* in die Listen der Auszuhebenden ein. Damit schuf er das bisherige Bürgeraufgebot in ein Berufsheer proletarischer Herkunft um.

Die kleineren und mittleren Eigentümer waren durchaus gewillt, sich tapfer zu schlagen: traten sie doch für den eigenen Besitz ein. Aber keiner wünschte, seinen Kriegsdienst über Gebühr auszudehnen. Es lag ihm daran, fertig zu werden und zu seinem Gehöft, seinen Geschäften zurückzukehren. Das bäuerliche und bürgerliche Leben war für diese Männer anziehender als der Kriegsdienst, den sie als Notstand betrachteten. Für die Besitzlosen lag es umgekehrt. Das Leben daheim bot ihnen nichts, das militärische vieles, wenn nicht alles: Beute, Ruhm, Aufstieg und Versorgung. Die neuen proletarischen Legionen bildeten jetzt kein Bürgerheer mehr, das bald heimzukehren wünschte. Sie suchten vielmehr nach einem Vorwand, unter den Fahnen zu bleiben. Kriegsdienst war zum Beruf geworden.

Im übrigen konnte nur ein langdienendes Berufsheer die neuen militärischen Aufgaben bewältigen, denen gegenüber die bisherige Bürgermiliz versagt hatte. Aber die besitzlose Klasse, nunmehr vom Staate ausgerüstet, stellte nicht nur die Hauptmasse der Rekruten. Das neue Heer, das im Krieg wenig zu verlieren, aber alles zu gewinnen hatte. schloß sich eng der Person des Heerführers an. Es erwartete von diesem, daß er einen Grund fände, um seine Soldaten unter der Fahne zu halten oder doch für sie eine Entschädigung oder Versorgung herauszuschlagen. Ehrgeizige Führer verstanden es, dieses Band durch Versprechungen und Belohnungen enger zu knüpfen. An die Stelle der Verpflichtung gegenüber dem Staat trat die Bindung an den erfolgreichen Feldherrn.

Der Umschichtung des Heeres trat eine solche der Bürgerschaft zur Seite. Die italischen Bundesgenossen hatten die

Lasten der Kriege mit Rom gemeinsam getragen. Darum verlangten sie Anteil an den Rechten, die den römischen Bürgern offenstanden; sie verlangten zuletzt das Bürgerrecht selbst. Seitdem erstmalig Fulvius Flaccus, der Konsul von 125, die Frage gestellt und Gaius Gracchus sie aufgegriffen hatte, kam sie nicht mehr zur Ruhe. Signal zur Erhebung gab indessen erst das Mißlingen des großangelegten Reformversuches, der von dem Volkstribun M. Livius Drusus, Sohn jenes Mannes, der Gaius Gracchus zum Scheitern gebracht hatte, ausging. Drusus' *lex satura*[31a]) umfaßte einen Kompromißvorschlag im Gerichtswesen (unten S. 30) mit einem Ackergesetz und einer Verbilligung der staatlichen Getreideversorgung. Als der Gesetzesantrag zu Fall gekommen war, mußten die italischen Bundesgenossen erkennen, daß der Tribun sein Versprechen, ihnen zum Bürgerrecht zu verhelfen, kaum werde halten können. Als Drusus überdies unter nicht aufgeklärten Umständen starb, loderte die Erhebung, vor allem in den Landgebieten des mittleren und südlichen Italien, auf und griff rasch um sich. Die Aufständischen bildeten einen eignen Senat und wählten Corfinium zur Hauptstadt. Rom war völlig überrascht, und nur nach schweren Niederlagen gelang es, im zweiten Kriegsjahr das militärische Gleichgewicht herzustellen. Eine *lex Iulia* verlieh allen treu gebliebenen Bundesgenossen das Bürgerrecht, die *lex Plautia Papiria* solchen, die bis zu einem festgesetzten Tag die Waffen niederlegten. Damit waren die Ziele der Erhebung im wesentlichen erreicht. Dem römischen Entgegenkommen folgte bald die militärische Entscheidung; 88 fiel Corfinium.

Römer und Italiker dienten jetzt zusammen in den Legionen, und bereits unter Sulla waren die italischen Neubürger in den Reihen des Senats vertreten[32]). Die Erweiterung des Kreises derer, die volles Bürgerrecht besaßen. weist zurück in die Zeiten, da Plebs und Latiner sich die

---

31a) *Lex satura* hieß ein Gesetzesantrag, der mehrere Vorschläge gleichzeitig umfaßte.

32) R. Syme, BSA. 1938, 22 f.; 30; The Roman Revolution 78 Anm. 1.

Gleichberechtigung erkämpfen mußten[33]). Aber sie weist auch voraus auf die Krisenzeiten des 3. Jahrhunderts n. Chr. als, durch die Constitutio Antonina, Caracalla 212 sämtlichen Einwohnern des Reiches das Bürgerrecht verlieh[34]). Wie die äußere Krise gegeben war, nachdem die römische Ausbreitung begann, und wie sie seitdem den Verlauf der römischen Geschichte begleitete, so auch die Entwicklung, die sich in den genannten Ereignissen andeutet.

Eine neue Staatsform war unaufschiebbar geworden[35]), seitdem Rom aufgehört hatte, ein bloßes Stadtgebiet zu besitzen wie irgendein benachbarter Stadtstaat auch. Sie war gestellt, seitdem die Latiner endgültig unter Roms Oberhoheit standen (338). Sie trat erneut hervor, als Italien unter römischer Führung geeinigt wurde, und wurde noch dringlicher, als Karthago und die Reiche der Diadochen niedergeworfen waren. In dem Maße, wie Rom daran ging, an Stelle der alten und zerbrochenen Mittelmeermächte den Kampf gegen die andrängenden Randvölker zu übernehmen, mußte es, schon um diesen Kampf durchführen zu können, den unterworfenen oder abhängigen Ländern eine neue Ordnung geben. Gesehen wurde diese Aufgabe durchaus. Ein Volksbeschluß von Pergamon aus dem Ende des 2. Jahrhunderts rühmt von den Römern, daß sie „für die gemeinsame Sicherheit aller Menschen die Kämpfe auf sich nehmen und sich darum mühen, ihre Verbündeten und Freunde in Wohlstand und sicheren Frieden zu versetzen"[36]). Er unterstreicht die untrennbare Verbundenheit der außenpolitisch-militärischen Fragen mit denen der inneren Ordnung. Doch mit der Wirklichkeit war es anders bestellt.

Denn einmal waren die Provinzen der Aussaugung durch Statthalter und Steuerpächter schonungslos preisgegeben. Die römischen Untertanen waren bereit, jede Gelegenheit zur Erhebung gegen das Mißregiment zu ergreifen. Mithri-

33) F. Altheim, Weltherrsch. u. Krise 222 f.

34) M. Gelzer, Gemeindestaat u. Reichsstaat (Frankf. Univers.-Reden XIX); Vom röm. Staat 1, 6 f.

35) Im Gegensatz zu M. Gelzer, V. röm. Staat 1, 131 f. Ich vermisse ein Eingehen auf meine Einwände (a. O. 224 f.).

36) Joseph., ant. 14, 247; M. Gelzer, a. O. 132.

dates im Osten wußte sich der Erbitterung der Provinzialen ebenso zu bedienen wie Sertorius im Westen. Soziale Erschütterungen traten hinzu. Der Bundesgenossenkrieg hatte Italien verwüstet. Samnitisches Bauerntum war vernichtet, Latifundien an seine Stelle getreten. Entrechtete und Vertriebene warteten überall auf neuen Umsturz. In Sizilien, Italien und im Osten (Attika, Delos, Kleinasien und Südrußland) lösten Sklavenkriege einander ab. Und die Besiegung der Seeräuber konnte nur durch Vereinigung einer bis dahin unerhörten Machtfülle in der einen Hand des Pompeius erreicht werden.

Als Zweites kam hinzu: das Senatsregiment war außerstande, die Verhältnisse zu meistern. Es vermochte nicht, dem Mißregiment im Innern zu steuern, und die Aufgaben der Kriegsführung ließen sich nur bewältigen, wenn man, im Gegensatz zu den Grundsätzen der Senatsoligarchie, bewährten Heerführern außerordentliche Vollmachten gab. Die Krise war außenpolitischen und militärischen Ursprungs, und so mußte sie auf militärischem Gebiet zuerst zu neuen Formen drängen. Der siegreiche Feldheer an der Spitze des Heeres, das ihm durch starke Interessen verbunden war, von dem Senat mit einer umfassenden Gewalt betraut, aber gleichzeitig beargwöhnt und gefürchtet: das war es, was sich als Kommendes abzeichnete.

5.

In seinen „Weltgeschichtlichen Betrachtungen“ fühlt sich der Entdecker der geschichtlichen Krise veranlaßt, zu ihrem Lob einiges zu sagen. Denn sie räume auf: mit „Lebensreformen, aus denen Leben selbst entwichen war“; mit Pseudoorganismen; mit der Scheu vor der „Störung ...“; frische und mächtige Individuen bringe sie hervor. Überhaupt ist für Jacob Burkhardt Krise der beschleunigte Weltprozeß. Entwicklungen, die sonst Jahrhunderte brauchen, ziehen gleich flüchtigen Bildern vorüber, und eine „furchtbare Schnelligkeit“ preßt mit Macht das Neue hervor.

Was nun Rom selbst angehe, so sei dort „die eigentliche, große, gründliche Krise“ immer vermieden worden. Die Bürgerkriege, die inneren Wirren der Kaiserzeit täuschten sie nur vor, und erst die Völkerwanderung sei die wahre Krisis gewesen. Auch das 2. Jahrhundert v. Chr. bringe keine echte Krise. Gewiß, wenn man ihre Geschehnisse allein in säkularer Begrenzung statt als Zeichen und Vorzeichen zu betrachten hätte; wenn man sie als die Krankheit selber verstehen wollte und nicht als Symptome eines Übels, das tiefer und versteckter liegt. In Wirklichkeit hat sich gezeigt, daß mit unserem Jahrhundert Züge der späteren, „eigentlichen“ Krise vorweggenommen sind.

Viele dieser Züge sind schon genannt worden. Das Zusammentreffen mit jungen und unverbrauchten Völkern an den Grenzen; das Sinken der soldatischen Tüchtigkeit innerhalb des Bürgeraufgebots; das Gegenüber von verödetem Ackerland, Latifundien und von proletarischen Großstädten; Eindringen der östlichen Religionen; beginnende Vereinheitlichung der Reichsbevölkerung — das alles wurde zuvor deutlich. Parthereinbruch und Kimbernkrieg sind geradezu als Vorboten von Völkerwanderung und beginnendem Mittelalter bezeichnet worden ... Aber noch fehlt eine Seite des Bildes. In dem Maße, wie die Bürgerschaft als Ganzes aufhört, Träger der geschichtlichen Ereignisse zu sein, wie sie sich verbraucht und sich zur hauptstädtischen Masse dekomponiert, wird der Raum frei für den großen Einzelnen. In der überragenden Stellung, die der ältere Scipio einnahm, in seinem und seines Bruders Sturz (Scipionenprozeß 189) offenbarte sich erstmals die Gefahr. Sie wiederholte sich im Aufstieg des jüngeren Scipio und seiner Gegner, der Gracchen.

Dem geschlossenen Stand der *optimates*[37]), dem zur Vertretung seiner Standesvorrechte geeinigten Amtsadel traten Persönlichkeiten aus den eigenen Reihen gegenüber, die das Interesse des Volkes *(populus, plebs)* verfochten. Das Alter des Begriffes *optimates* ist schwer zu bestimmen.

---

37) Strasburger, RE. 18, 773 f.

C. Gracchus' Wort: *pessumi Tiberium fratrem meum optimum interfecerunt*[38]) spielt mit dem Begriff, und in Übereinstimmung damit sprach Sulla von den *optimatium partes* (Sueton., Div. Iul. 1), nennt eine nur wenig jüngere Quelle wie die Annalen des Q. Hortensius[38a]), die Gegner der Gracchen, des Marius und Cinna sowie der außerordentlichen Imperien des Pompeius Optimaten[39]). Parteien im modernen Wortsinn hat es in Rom nicht gegeben. Der Ausdruck *partes* verbindet sich, soweit er sich nicht auf die Anhängerschaft eines Einzelnen, eines *dux partium* (unten S. 115 f.) bezieht, meist mit *senatus* oder *optimates,* also dem festen Block des Adels: selten mit *populus* und mit *populares.* Denn diese sind immer Einzelne, die, obwohl adliger Herkunft, als Freunde oder Führer des Volkes auftreten. Aber sie bilden darum noch keine Partei. Sie bleiben Einzelne, die durch das Bewußtsein einer Überlieferung, aber nicht durch ein konkretes Programm in geschichtlicher Verbindung stehen. Der Kampf um eine populare Politik bildet eine innere Angelegenheit der regierenden Schicht und wird zunächst als solche geführt, also im Senat und nicht in der Volksversammlung[40]). Der Begriff *popularis* ist dabei, wie Ciceros Rede für C. Rabirius zeigt, durchaus verschiedener Auslegung fähig.

Gerade bei den Gracchen ist die aristokratische Ausgangsstellung deutlich[41]). Tiberius wurde von einer Schar einflußreicher Konsulare unterstützt, vor allem von P. Mucius Scaevola und P. Licinius Crassus Mucianus. Beide waren Gegner der Gruppe, an deren Spitze der jüngere Scipio,

---

38) Charis. GL. 1, 240, 16.

38a) F. Altheim, Röm. Religionsgesch. 2 (1953), 88 f.

39) Vell, 2, 3, 3; 20, 3; 31, 4; 40, 5; Strasburger, a. O. 775.

40) M. Gelzer, V. röm. Staat 2, 38 f.; Strasburger, a. O. 795. Man nehme hinzu die wichtigen Ausführungen prov. cons. 38: *Nemo unquam hic potuit esse princeps, qui maluerit esse popularis. Sed homines aut propter indignitatem suam diffisi ipsi sibi aut propter reliquorum obtrectationem ab huius ordinis coniunctione depulsi saepe ex hoc portu se in illos fluctus prope necessario contulerunt. Qui si ex illa iactatione cursuque populari bene gesta republica referunt aspectum in curiam atque huic dignitati esse commendati volunt, non modo non repellendi sunt, verum etiam expetendi.*

41) F. Münzer, Röm. Adelspart. 257 f.; C. Cichorius, Röm. Stud. 113 f.; J. Carcopino, Autour des Gracques 129 f.; H. Last, CAH. 9, 22; R. Syme, The Roman Revolution 60.

Eroberer von Karthago und Numantia, stand, und beide gaben sie ihre Töchter den gracchischen Brüdern zur Ehe. Sie brachten nicht nur die politischen Verbindungen mit, sondern auch eine beträchtliche Mitgift, die C. Gracchus neben anderem seine Kunstliebhabereien erlaubte. Licinia einte mit ihrem Gatten der hohe Sinn und die Liebe, die Plutarch in der Abschiedsszene beider geschildert hat[42]). Aber auch untereinander waren die Gracchen durch das Bewußtsein ihrer Aufgabe und durch die darin liegende Überlieferung verbunden. Wiederum gibt dem Plutarch Ausdruck: in einem Traume mahnt der tote Tiberius den Jüngeren zur Fortsetzung des Werkes[43]).

Doch wie, nach einem Wort Plutarchs, die Bilder der Dioskuren bei aller Ähnlichkeit doch Unterschiede aufweisen, so gilt dies auch für jenes Brüderpaar. Tiberius war ruhig im Auftreten wie in der Rede, diese selbst einnehmend und aufrichtig, seine Lebensweise schlicht und anspruchslos; zu alledem kam eine freundliche und gemessene Art. Gaius erschien ihm gegenüber rasch und feurig, im Vortrag eindringlich und leidenschaftlich, seine Diktion „voll des schimmernden Glanzes". Hinzu trat eine Neigung für kostspielige Dinge, aber auch zu Affekt und Schmähung[44]).

„Als Tiberius Gracchus auf seiner Reise nach Numantia durch Etrurien kam, und die Öde des Landes sah, als er beobachtete, daß alle Feldarbeiter und Hirten fremde, kriegsgefangene Sklaven waren, da tauchte zuerst der Plan in ihm auf, der ihm und seinem Bruder tausend Leiden bringen sollte". So bezeugte später C. Gracchus in einer Schrift[45]). In seinen Worten spricht sich die unmittelbare Anschaulichkeit aus, die Tiberius überall kennzeichnete. Da ist nichts ergrübelt; es wird beobachtet und erfaßt. In einfachem und faßlichem Umriß ist der Notstand vor sein Auge hin-

---

42) C. Gracch. 15, 2; F. Münzer, a. O. 269 f.

43) Tib. Gracch. 1 Ende.

44) Plutarch, Tib. Gracch. 2.

45) Plutarch, Tib. Gracch. 8; dazu M. Gelzer, Gnomon 5, 299; zur Schrift Ed. Meyer, Kl. Schr. 1, 368 Anm. 2; F. Taeger, Tib. Gracch. 8 f.

getreten. Dieselbe Anschaulichkeit aber leuchtet aus Tiberius' eigener Rede hervor. Er sucht nicht zu überreden, sondern faßt den Zuhörer gleichsam an der Hand, zeigt ihm das Bild, wie er es sieht und jeder es sehen kann.

Denn so verhält es sich mit Tiberius: er ist ganz der Betrachtung des Gegenstandes zugewandt; alles Persönliche tritt demgegenüber zurück. Ursprünglich lag es ihm fern, das Volk an sich zu ketten oder ihm zu Gefallen zu sein. Ihm ging es um die Widerrechtlichkeit in der Verteilung des Landbesitzes, das Übermaß von Unrecht und Habgier, den Rückgang der Bevölkerung und damit der Wehrhaftigkeit, um die Gefahren der Sklavenwirtschaft. Nicht einem Stand wollte er dienen. Sein Sinn stand darauf, dem Staat wehrkräftige Bürger zu schaffen; die Vorstellung von der Größe seines Werkes hielt ihn gefangen[46]).

Demgemäß gab sich seine Redeweise weniger glänzend als scharf und durchdacht in der Beweisführung[47]). Es ging ihm nicht sosehr darum, Neuerungen vorzuschlagen, als die alte und gerechte Ordnung, die er nur verschüttet glaubte, wiederherzustellen. Dies zu erreichen, griff er auf eine Bestimmung der sextisch-licinischen Gesetze von 367 zurück (Bd. I, S. 70 f.). Indem er die Nutznießung des Gemeindelandes wieder auf 500 *iugera* begrenzte, suchte er neue Bauernstellen zu schaffen und damit die Wehrkraft des Staates zu heben. Tiberius gehörte nach seinen Idealen, seinem Staatsbild und seinen praktischen Forderungen der Vergangenheit an. Cicero spricht von seiner *aequitas*, seinem *pudor*[48]).

Seine Gegner und den Senat hoffte er durch die innere Überzeugungskraft seiner Vorschläge zu sich herüberzuziehen[49]). In die Dreierkommission, die über die Verteilung des Staatslandes zu befinden hatte, wurde Tiberius selbst nebst Bruder und Schwiegervater gewählt. So war es eine Fraktion innerhalb des Senats, ein Kreis untereinander ver-

46) Appian., civ. 1, 43.
47) Cic., Brut. 104.
48) de l. agr. 2, 31.
49) Plutarch., Tib. Gracch. 11; Appian., civ. 1, 50.

wandter oder verbundener Männer, der sein Vorhaben unterstützte (oben S. 26). Aber dieser gemäßigte, verständige und dem Herkommen zugewandte Mann mußte einen anderen Weg gehen. Er ließ den Volkstribunen M. Octavius, der gegen ihn interzedierte, absetzen, weil er dem Interesse des Volkes zuwiderhandele. Mit dieser Verletzung der Verfassung erzwang er die Annahme seines Siedlungsgesetzes bei der Volksversammlung. Um die nötigen Mittel für die anzusiedelnden Bauern zu beschaffen, zog er — auch dies wider Herkommen und Verfassung[49a]) — die damals an Rom gefallene Erbschaft des letzten pergamenischen Königs heran. Tiberius mußte der Menge schmeicheln und, um sie zu gewinnen, weitere Gesetze einbringen. Und zuletzt mußte er den Vorwurf hinnehmen, nach der Alleinherrschaft gestrebt zu haben[50]). In einem Gewaltakt, bei dem sein schärfster Gegner, der Pontifex Maximus Scipio Nasica, selbst zur Waffe griff, wurde der Reformer getötet.

Anders Gaius Gracchus. Zwei Dinge standen von Anfang her vor Augen: Demütigung des Senates und Rache für den ermordeten Bruder. Schon darin verknüpfte sich Sachliches mit Persönlichem. Die Pflicht gegenüber dem Bruder war zugleich ein Mittel, das Volk aufzuwühlen. Pietät wandelte sich zur Waffe im demagogischen Kampf, Trauer ließ dem sprachgewaltigen Munde des Jüngeren leidenschaftliche Anklagen entströmen, und kein Widersacher war solchem Ansturm gewachsen. Gaius' Beredsamkeit gab sich bewegter, ähnlich wie sie sich in neuerer Zeit bei den großen englischen Parteiführern geändert hat: „von den Zeiten her, wo sie sich wie bei Cobden, an den Verstand wandte, zu Gladstone, der ein Techniker des scheinbar nüchternen ‚Tatsachen-sprechenlassens' war, bis zur Gegenwart, wo vielfach mit rein emotionalen Mitteln gearbeitet wird, um die Massen in Bewegung zu setzen"[51]). Den neuen Mitteln entsprachen neue Ziele. Tiberius' Ackergesetz wollte ursprünglich die Be-

---

49a) H. Last, CAH. 9, 30 f.
50) Die Zeugnisse bei Ed. Meyer, a. O. 1, 408 Anm. 2; Münzer, RE. 2 A, 1419; 1422.
51) M. Weber, Politik als Beruf 41.

hebung eines objektiv vorhandenen Mißstandes. Bei Gaius waren die Gesetze, die er einbrachte, von vornherein dazu bestimmt, ihn beim Volk in Gunst zu setzen und den Einfluß des Senats zu brechen.

Immer war es eine bestimmte Schicht, die er zu gewinnen dachte: die Armen durch Aufteilung des Staatslandes und durch Kornspenden; die Bundesgenossen (die nach Zerstörung des rebellischen Fregallae hart getroffen waren) durch das Bürgerrecht; die Ritter durch Überweisung der Geschworenengerichte; die Dienstpflichtigen mittels Lockerung der militärischen Zucht[52]). Auch die Zuneigung der Provinzialen wußte Gaius sich zu erwerben. Dem gemeinen Mann vollends imponierte er durch sein Auftreten in der Öffentlichkeit, wobei ein ganzes Heer von Bauunternehmern[53]), Handwerkern und Beamten, Militärs und Gelehrten ihn umlagerte[54]). Nicht zuletzt sorgte Gaius für eigene Sicherung und die seiner Anhänger, indem er die Bildung unappellabler richterlicher Senatskommissionen wie der, die gegen seines Bruders Anhänger gewütet hatten, für ungesetzlich erklären ließ[54a]).

Zunächst erreichte Gaius, was er beabsichtigte. Das Volk vergötterte ihn. Es war bereit, ihm zu willfahren, wann immer er es wünschte. Zum Volkstribunen 123 und wieder 122 gewählt, hat er Gesetze durchgesetzt, deren Wirkung einer Revolution gleichkamen. Aber möglich war das nur durch ein Buhlen um die Volksgunst, wie es bislang unbekannt war. Die Folgen traten bald zu Tage. Die Gegner bemühten sich, Gaius darin noch zu übertreffen. Vor allem dem Volkstribunen M. Livius Drusus gelang es, als Vorkämpfer des senatorischen Widerstandes diese Waffe zu handhaben. Dadurch wurde Gaius genötigt, in ständiger Steigerung „die Menge mit neuen Gesetzen an sich zu ziehen". Kolonien sollten in Italien (Capua und Tarent) und außerhalb (Karthago: *Colonia Iunonia*) gegründet und

52) Diod. 34, 25 (Poseidonios); H. Last, CAH. 9, 62 Anm. 1.
53) Zu seinen Bauten: H. Last, CAH. 9, 58 f.; Plutarch., C. Gracch. 27, 2; Appian., civ. 1, 98; A. M. Ramsey, JRSt. 1920, 84 f.
54) Plutarch., C. Gracch. 6.
54a) H. Last, CAH. 9, 56 f.

dabei auch die italischen Bundesgenossen herangezogen werden.

Weiteren Schritt bedeutete es, daß Gaius sich auf die Ritterschaft stützte. Diese stellte im Gegensatz zum grundbesitzenden senatorischen Adel eine finanzielle Macht dar, die durch Handel, Industrie und rationell durchgeführten Großbetrieb in der Landwirtschaft emporgestiegen war. Während der Senatorenstand von der Steuerpacht ausgeschlossen blieb, fand darin die Ritterschaft ihre Domäne. Aber ihre Geldinteressen standen oft in Widerstreit zu der von den senatorischen Statthaltern vertretenen Staatsverwaltung. Da die Gerichte ausschließlich in senatorischen Händen waren, fühlten sich die Ritter bei der Austragung ihrer Händel im Nachteil. Hier griff Gaius ein und ließ der Geschworenenliste, an die sich der Praetor zu halten hatte, 300 Ritter hinzufügen. Das Acilische Repetundengesetz bestimmte darüber hinaus, daß die angeklagten Senatoren von einem rein ritterlichen Gerichtshof abgeurteilt werden sollten.

Je mehr der Senat in seinem Widerstand beharrte, um so leidenschaftlicher spannte sich das Ungestüm des Tribunen. Als er die Geschworenengerichte den Rittern zugeschanzt hatte[55]), rief er aus, nunmehr sitze dem Feind das Schwert an der Kehle; mit diesem Schlage werde er dem Senat den Garaus machen[56]). Noch kurz vor dem Ende weissagte Gaius den Gegnern die Finsternis, in die sie durch seine Maßnahmen gestürzt würden[57]). Der Senat tat seinerseits alles, um den Unbedachten, dessen Wesen man kannte, zu reizen und schließlich zur offenen Gewalt zu treiben. Persönliche Momente traten mehr und mehr als bestimmende Faktoren hervor. So ist die Schilderung, die Poseidonios von Gaius' Ausgang gibt, ein einziges Bild des Zornes, der Angst und der Besessenheit. Alle Leidenschaften sind bei diesem Endkampf entfesselt und noch über ihn

---

[55]) Dazu M. Gelzer, Gnomon 5, 654.

[56]) Diod. 34, 27; vgl. 37, 9; Appian., civ. 1, 93; Ed. Meyer, a. O. 1, 377 Anm. 1; E. Kornemann, Klio Beih. 1, 48 Anm. 2.

[57]) Plutarch., C. Gracch. 12 Ende.

hinaus, wenn die Habsucht mit dem abgeschlagenen Haupt des Aufrührers ihr Spiel treibt[58]).

Und doch wird auch von Gaius gesagt, er sei von sich aus kein Demagoge gewesen und noch weniger sei es ihm anfangs um die Gunst der Menge gegangen[58a]). Doch die Logik des einmal Begonnenen, des ihm auferlegten Erbes habe ihn dazu gezwungen. Durch äußere Nötigung mehr denn aus innerem Drang sei Gaius getrieben worden[59]). Er selbst hob in seiner Rede *de legibus a se promulgatis* hervor, der Wille der Massen lasse ihn nicht zur Ruhe kommen[60]).

Das Werk der Gracchen brach zusammen[61]). Aber in den plebeischen Heeren kündigte sich eine Erscheinung an, die der politisierten hauptstädtischen Masse entsprach und die Entwicklung weiterführen sollte. Die Hoffnung auf Beute und Versorgung, die den mittellosen Plebejer zum Eintritt in das Heer trieb, entsprach den Getreidespenden und Landanweisungen, durch die man die hauptstädtische Masse gewann oder gefügig machte. Wie diese dem Tribun verpflichtet wurde, so das Heer dem Feldherrn. Gefolgschaft der Plebs, der Legionen ermöglichte den jeweiligen

---

58) Ed. Meyer, a. O. 1, 378.

58a) Weiter ausgeführt durch H. Last, CAH. 9, 53 f.

59) Plutarch., C. Gracch. 1. Zweifel bei Ed. Meyer, a. O. 412 Anm. 2; E. Kornemann, a. O. 8 f; E. v. Stern, Herm. 56, 269 f.; Groag, RE. 2 A, 1379.

60) Schol. Ambr. zu Cic., pro Sulla 9 p. 365 Or.; E. Kornemann, a. O. 9.

61) Der Streit um die Gleichsetzung der inschriftlich erhaltenen *lex agraria* CIL. 1, 2^2, 565 mit einem der bei Appian., civ. 1, 122 erwähnten Gesetzen ist noch nicht zur Ruhe gekommen. M. Gelzer, Gnomon 5, 658 f. setzte jene *lex* im Gegensatz zu Mommsen und im Anschluß an J. Carcopino, aber mit eigener Begründung, dem zweiten der bei Appian genannten Gesetze, dem des Spurius Thorius (Borios oder Burios codd.) gleich. Auf den Einspruch von H. Rudolph, Stadt u. Staat im röm. Ital. 196 Anm., hin widerrief M. Gelzer, Gnomon 11, 531 und kehrte zur Ansicht Mommsens, wonach es sich um Appians drittes Gesetz handle, zurück. Weiter glaubte er darin die bei Cic., Brut. 136 genannte *lex vectigalis* des Thorius zu erkennen, mußte aber dafür in Kauf nehmen, daß Appian dann sein zweites Gesetz (an Stelle des dritten) fälschlich demselben Thorius zugeschrieben habe. So sehr ich Gelzers Widerruf zustimme, so wenig überzeugt diese Folgerung. Cic., Brut. 136 *Sp. Thorius qui agrum publicum vitiosa et inutili lege vectigali levavit* „der den *ager publicus* von einer mangelhaften und unnützen *lex* (der *lex Sempronia)* durch Auflegung von *vectigal* befreite" paßt zu Appians zweitem Gesetz, wonach Thorius das Staatsland den gegenwärtigen Besitzern gegen *φόρος* überließ. Es bleibt die Schwierigkeit, daß Z. 19—20 der *lex agraria* die *lex Thoria* als solche nicht nennt. Aber sie scheint mir nicht unüberwindlich. Schon Mommsen, Ges. Schr. 1, 70 hat daran keinen Anstoß genommen. Er hat auch die sprachlich richtige Erklärung des Ciceronischen Satzes gegeben.

Führern, aus überkommenen Bindungen herauszutreten und das große Spiel zu wagen. Als unmittelbare Nachfolger der Gracchen fanden L. Apuleius Saturninus und P. Sulpicius Rufus den Untergang. Cicero rechnet diese vier als die eigentlichen und großen Popularpolitiker[62]). Den Heerführern aber fielen, von dem Ende des Jahrhunderts an, die großen Möglichkeiten zu. Denn die Abwehr gegen die Randvölker machte, besonders seit dem Krieg gegen die Kimbern und Teutonen, immer umfassendere Rüstungen und Vollmachten nötig.

Schon der Gesetzesvorschlag, den Saturninus als Volkstribun zusammen mit C. Servilius Glaucia einbrachte (100 bis 99), suchte in erster Linie Marius' entlassene Veteranen zu berücksichtigen. Man drang nicht durch, da Marius zauderte, die Gunst der Stunde nicht zu nutzen wußte. Aber unter fähiger und wenig von Bedenken gehinderter Leitung boten sich den gemeinsamen Interessen von Feldherr und Heer ungeahnte Aussichten. Das zeigte sich, als Sulla emporstieg. Zum ersten Male ergriff ein Einzelner die Führung des Staates.

6.

L. Cornelius Sulla, Sproß eines hochadeligen, aber verarmten Geschlechtes, hatte sich erstmals im Kampf gegen Iugurtha bewährt. Gefangennahme des Königs und Beendigung des Feldzugs waren sein Werk. Auch gegen die Bundesgenossen hatte er sich ausgezeichnet und hier wie zuvor im iugurthinischen Krieg seinen einstigen Oberfeldherrn Marius in den Schatten gestellt. Nach Erteilung des Bürgerrechts an die Italiker wünschte der Senat den Einfluß der zahlenmäßig weit überlegenen Neubürger zu beschränken. Man beschloß, diese auf nur acht der insgesamt 35 Tribus zu verteilen. Der zu erwartende Widerstand verlangte nach einem harten und unbedenklichen Mann. Die Senatspartei fand diesen in Sulla, der für 88 zum Konsul gewählt wurde. Gleichzeitig fiel ihm durchs Los die Provinz Asia und der

[62]) De har. resp. 41; 43; vgl. Caesar, b. civ. 1, 7, 5; Strasburger a. O. 786; M. Gelzer, Vom röm. Staat 1, 134.

Feldzug gegen Mithridates von Pontos (oben S. 13 f.) zu. Die Aussicht, den gefährlichen Sulla an der Spitze der Regierung und zugleich im Besitz eines umfassenden Heereskommandos zu sehen, ließ die Gegenpartei nicht ruhen. Feinde der senatorischen Oligarchie, Anhänger Marius' und die Ritterschaft, soweit diese als Steuerpächter ihre finanziellen Interessen unter einem Mann, der aus ihren Reihen hervorgegangen war, besser gewahrt glaubte — alle taten sich zusammen und machten die Sache der Neubürger zur eignen. Die Anträge des Volkstribunen P. Servilius Rufus sahen vor, daß die Stimmen der Italiker auf alle 35 Tribus verteilt und Marius statt Sulla der Oberbefehl im Mithridatischen Krieg gegeben würde.

Sullas Reaktion war rasch und bestimmt. Noch stand jenes Heer, das er im Bundesgenossenkrieg befehligt hatte, vor dem belagerten Nola. An der Spitze der ihm ergebenen Soldaten bemächtigte er sich der Hauptstadt und erklärte seine Gegner zu Staatsfeinden. Sulpicius Rufus wurde auf der Flucht getötet, Marius entkam unter manchen Abenteuern und wartete in Afrika den Fortgang ab. Der Sieger begnügte sich mit flüchtiger Ordnung der Verhältnisse in Rom. Ihn drängte es nach dem östlichen Kriegsschauplatz, wo inzwischen die Ereignisse sich überstürzt hatten (87). In Sullas Abwesenheit brach der kaum beigelegte Streit wieder aus. Der Konsul Cn. Octavius vertrat die Senatspartei, während sein Amtskollege L. Cornelius Cinna Marius' Anhänger war. Cinna, zunächst aus der Stadt vertrieben, sammelte seine Anhänger und verstärkte sie durch Zuzug der Neubürger. Auch Marius erschien wieder auf dem Plan: seine Scharen, durch Sklaven vermehrt, stießen zu Cinnas Truppe und beide zusammen eroberten Rom. Sofort setzte das Wüten gegen die besiegten Gegner ein, wobei sich Marius' Sklavenleibwache besonders hervortat. Der Rache fielen Octavius und viele Optimaten zum Opfer. Cinna und Marius übernahmen abermals den Konsulat (86); der greise Germanensieger starb freilich wenige Tage nach seinem Amtsantritt. Die siegreiche Partei begründete ein grausames Regiment über Italien und Rom.

Sulla begann unterdessen den Krieg gegen Mithridates mit gewohnter Energie. Dieser hatte, während Rom durch Bundesgenossenkrieg und innere Umtriebe gefesselt war, Bithynien und die Provinz Asia erobert. Mithridates Blutbefehl, von Ephesos aus erlassen, brachte 80 000 Italikern den Tod von der Hand der Provinzialbevölkerung, der sich römisches Regiment aufs tiefste verhaßt gemacht hatte. Dann war Mithridates' Flotte in die Ägäis vorgedrungen; Athen und Piräus wurden besetzt, das mittlere und südliche Griechenland zum Abfall gebracht. Gering an Zahl und vom heimischen Nachschub abgeschnitten, operierte Sulla mit Verwegenheit und Glück. Athen und Piräus wurden zurückerobert, das feindliche Heer bei Chaironeia geschlagen. Dann setzte Sulla nach Asien über.

Auch die Regierung in Rom war nicht müßig gewesen. Marius' Nachfolger im Konsulat, L. Valerius Flaccus, kam mit einem Heer, um den unbotmäßigen Oligarchen des Oberbefehls zu entsetzen. Sulla entledigte sich des bisherigen Gegners, indem er Mithridates im Frieden von Dardanos (87) glimpfliche Bedingungen gewährte. Die Forderungen beschränkten sich auf Kriegsentschädigung und Herstellung des früheren Besitzstandes. Der zweite Gegner, Flaccus, war inzwischen einer Revolte erlegen. Alsbald verließ man den Nachfolger und ging zu Sulla über. Mit verstärkten Streitkräften konnte dieser jetzt zum Entscheidungskampf mit seinen innenpolitischen Gegnern antreten. Gewaltige Kontributionen, unerbittlich in Asien und Griechenland eingetrieben, hatten seine Kasse gefüllt. Zum zweiten Male folgte ihm seine Truppe in den Bürgerkrieg.

Auch in Rom hatte man sich für die Entscheidung gerüstet. Cinna freilich war von seinen Soldaten 84 erschlagen worden. Marius' Sohn, der fähige Sertorius und noch andere waren an die Stelle getreten. Doch als Sulla 83 in Brundisium landete, strömten ihm von allen Seiten Anhänger zu. Darunter manch verheißungsvoller Jüngerer wie M. Licinius Crassus und Cn. Pompeius, dieser an der Spitze selbstgeworbener Legionen. Die unter sich uneinigen und schlechtgeführten Heere der Marianer unterlagen Sullas Feldherrnkunst. Vergeblich stellte sich der jüngere Marius in den Weg; geschlagen mußte er in dem festen Praeneste Zuflucht suchen. Erneut fiel Rom in Sullas Hand. Da kam ein starkes Heer von Samniten und Lukanern, in deren Gebiet Sulla während des Bundesgenossenkrieges furchtbar gehaust hatte, den Besiegten zu Hilfe. In letzter Stunde rettete Sulla die Hauptstadt vor dem Zugriff dieser erbittertsten Gegner, die jahrhundertelange Unterdrückung zu rächen begehrten. Die aus dem Anmarsch geschlagene Schlacht vor dem Collinischen Tor endete mit der Vernichtung des letzten Heeres der Italiker.

Furchtbar tobte sich Sullas Rache an den Gegnern aus. Durch Proskription wurden Leben und Habe der von ihm Geächteten getroffen; die Nachfahren der Proskribierten blieben von den Ämtern ausgeschlossen. Alle Städte Italiens, die bis zuletzt auf der Gegenseite gestanden hatten, wurden zugunsten von Sullas Veteranen enteignet, diese auf dem gewonnenen Land in geschlossenen Verbänden angesiedelt. Er selbst ließ sich zum *dictator legibus scribendis et rei publicae constituendae* wählen, mit dem erklärten Ziel, die Senatsherrschaft für alle Zukunft zu sichern. In Gesetzgebung, Gerichtsbarkeit und Provinzialverwaltung wurde dem durch eigene Parteigänger aus der Ritterschaft vermehrten Senat die bestimmende Rolle zugewiesen. Magistratur sowie Statthalterschaft in den Provinzen wurden neu geordnet und in ein festes Verhältnis gebracht. Der Volkstribunat, von dem seit den Gracchen die popularen Bewegungen ausgegangen waren, mußte sich senatorischer Kontrolle unterwerfen.

Sulla glaubte, das Übel an der Wurzel gefaßt zu haben. Aber der wirklichen Lage gegenüber erwies sich Restauration als unzulänglich. Kaum ein Jahrzehnt später war der Volkstribunat hergestellt und Heerführer wie Pompeius, Lucullus und Crassus mit neuen außerordentlichen Vollmachten betraut. Sulla selbst, trotz seines ausgesprochenen Willens zur Aufrichtung der Senatsautorität, stand an der

Schwelle der neuen Epoche. Schon die antike Geschichtsschreibung verglich seine Stellung mit der eines Königs. Was man den Gracchen vorgeworfen hatte, Streben nach dem Diadem, stand davor, von ihrem Antipoden verwirklicht zu werden.

Praeneste war letzte Zuflucht der Marianer gewesen. Nachdem die Stadt gefallen, hatte Sulla dem dortigen Heiligtum der Fortuna ein Mosaik gestiftet. Welch ein Gegensatz innerhalb der beiden Angehörigen des Cornelierhauses: der große Scipio Africanus den Verkündigungen des Fatum lauschend (Bd. I, S. 98 f.) und Sulla als Verehrer der Fortuna. Beide Gottheiten sind solche des Schicksals. Doch während das Fatum Iupiters Munde entströmt und somit die rechtens gesetzte, planmäßige und sinnvolle Ordnung des Geschichtsverlaufs darstellt, ist Fortuna das Einmalige. Durfte sich Scipio Africanus als Vollzieher einer göttlichen Zielsetzung betrachten, als deren Diener und Werkzeug, so mußte sich Sulla als der persönlich Begünstigte darstellen. Und im Einmaligen offenbarte sich zugleich das Außerordentliche, das dämonisch Glückliche und damit die große Individualität. Dem schließt sich Sullas Verhältnis zu anderen Gottheiten, vor allem zu Venus, an. Immer ist es auf die eigene Person gestellt, niemals fühlt er sich wie Scipio als Vollstrecker eines das römische Volk angehenden Gesamtschicksals. Es liegt der Unterschied zweier Epochen in diesem Gegenüber beschlossen.

2. Ausgang der Republik

1.

Wiederherstellung der Senatsherrschaft erwies sich als unzureichend. Die ersten Stöße gingen von Sullas engster Gefolgschaft aus. Cn. Pompeius hatte von seinem Vater[1]) keine leichte Erbschaft übernommen: *hominem dis ac nobilitati perinvisum* nannte ihn Cicero. Der Sohn war im Schatten des Diktators emporgestiegen, aber schon zu

1) M. Gelzer, V. röm. Staat, 2, 56 f.; AbhBAW. 1943, 1, 4 f.; Pompeius 25 f.

dessen Lebzeiten schickte er sich an, selbständige Schritte zu tun. Mit den Erfolgen wuchsen die Ansprüche, die er — nach einem Wort Sallusts — *oris probi animo inverecundo* zu stellen pflegte. Das Ausmaß dieser Ansprüche trübte das Verhältnis zu Sulla. Dieser, der den jungen Mann einst auf jede Weise ausgezeichnet hatte, überging ihn in seinem Testament[2]).

Dennoch ließ sich Pompeius' weiterer Aufstieg nicht aufhalten. Amtslos, wie er einst sein erstes Heer in Picenum aufgestellt und Sulla zugeführt hatte, schlug er M. Aemilius Lepidus, der sich 77 von Etrurien aus gegen das Regiment der Optimaten erhoben hatte. Schwieriger war die Aufgabe, die man Pompeius in Spanien zuwies. Dort hatte Q. Sertorius das Banner der Popularen wieder aufgerichtet und, unterstützt von Lusitaniern und Keltiberern, mit Erfolg den Kampf gegen die Optimatenherrschaft begonnen. Pompeius, der noch immer kein regelrechtes Amt bekleidet hatte, forderte und erhielt das *extraordinarium imperium* in Spanien. Hier hatte bisher Q. Caecilius Metellus Pius, ein hervorragender Vertreter der optimatischen Partei, befehligt. Doch trotz seiner Tüchtigkeit war ihm die Bezwingung des Sertorius nicht geglückt. Im Zusammenwirken mit Metellus gelang es Pompeius, den Gegner, wenn auch nicht zu schlagen, so doch zurückzudrängen. Im Jahre 72 fiel Sertorius durch Mörderhand, und nun wurde von Pompeius die Ruhe rasch hergestellt.

Auch sonst mußten umfassende Befehlsgewalten bewilligt werden. Als 74 erneut der Krieg mit Mithridates ausbrach, wurde einer der Führer der Optimaten, L. Lucullus, mit erhöhten Vollmachten gegen ihn entsandt. Kurz danach erfaßte in Italien eine gefährliche Sklavenerhebung von Capua aus vor allem den Südteil der Halbinsel. Unter Spartacus' Führung gewann das Sklavenheer über die ihm entgegentretenden Truppen Erfolge, schlug wiederholt die beiden Konsuln des Jahres 72 und konnte nur dadurch

2) Zur Bedeutung M. Gelzer, AbhBAW. 1943, 1, 4; Pompeius 47.

bewältigt werden, daß in außerordentlichem Auftrag der Praetor M. Licinius Crassus die Führung des Krieges übernahm. Den letzten Haufen der Insurgenten vernichtete der gerade aus Spanien zurückkehrende Pompeius. Er beanspruchte darum neben Crassus den Ruhm, den Sklavenkrieg siegreich beendet zu haben.

Pompeius und Crassus rückten zusammen vor Rom, verbanden sich mit den Gegnern des Senatsregiments, den Rittern und Popularen, und drückten für 70, obwohl die Bewerbung den Bestimmungen zuwiderlief, gegen die herrschende Optimatengruppe ihre Wahl zu Konsuln durch[3]). In Ausführung der den Popularen gemachten Versprechungen setzten sie den Volkstribunat in seine durch Sulla stark beschnittenen Rechte wieder ein *(lex Pompeia Licinia)*. Auch die Ritter erhielten ihren Anteil. Die Geschworenengerichte wurden zu je einem Drittel aus Rittern und den *tribuni aerarii*, die gleichfalls dem Ritterstand angehörten, bestellt *(lex iudiciaria* des L. Aurelius Cotta)[4]). Auch Zensoren wurden wieder eingeführt, nachdem ihre Wahl seit Sulla aufgehört hatte[5]). Die neuen Zensoren stießen eine Reihe von Anhängern der Gegenpartei aus dem Senat. In die sullanische Verfassung war eine Bresche gelegt.

Alles aber übertrafen die Vollmachten, die Pompeius sich 67 und 66 durch Volksgesetze zuweisen ließ[6]). Der Widerstand der Optimaten unter Führung des Q. Lutatius Catulus und Q. Hortensius Hortalus war erbittert. Nicht weniger als neun Volkstribunen rief der Senat gegen das erste Gesetz zur Interzession auf. Nur durch Wiederholung des Gewaltstreiches, mit dem einst Tib. Gracchus einen gegnerischen Tribunen beseitigt hatte, konnte der Antrag durchgesetzt werden.

Durch die *lex Gabinia* wurde Pompeius für drei Jahre mit prokonsularischem Imperium ausgestattet, das sich über

---

3) M. Gelzer, AbhBAW. 1943, 1, 1 f.; Pompeius 63 f.

4) M. Gelzer, AbhBAW. 1943, 1, 26; Pompeius 65 f.; 71 f.

5) M. Gelzer, AbhBAW 1943, 1, 28.

6) M. Gelzer, a. O. 30 f.

alle Küstenprovinzen bis zum fünfzigsten Meilenstein landeinwärts erstreckte. Es richtete sich gegen die Seeräuberplage, die zu einer Gefährdung der öffentlichen Ordnung angewachsen war. Von ihren Burgen und Schlupfwinkeln in Kilikien und auf Kreta legten die Flotten der Räuber den Seeverkehr lahm, bedrohten die Küste Italiens und gefährdeten die Getreideversorgung der Hauptstadt. Der Erfolg rechtfertigte Pompeius' Betreuung mit außerordentlicher Befehlsgewalt aufs neue. In 89 Tagen waren, allerdings unter Aufbietung einer erheblichen Macht, das Meer und Kilikien gesäubert. Durch die *lex Manilia* wurden dem siegreichen Feldherrn, erneut gegen Widerstand der Optimaten, für das folgende Jahr die Provinzen Bithynien und Kilikien sowie die Fortführung des Krieges gegen Mithridates mit neuen Vollmachten zugesprochen. Auch diesmal erwies sich dieses Verfahren als Vorbedingung des Erfolges.

Die Einbeziehung Bithyniens im Jahre 74 hatte Mithridates den Anlaß zur Wiedereröffnung des Krieges geliefert. Lucullus eroberte die neue Provinz, in die Mithridates eingefallen war, zurück und drang in dessen eigenes Königreich Pontos ein. Zur Flucht nach Armenien gezwungen, wurde Mithridates dort von seinem Schwiegervater Tigranes aufgenommen und unterstützt. Lucullus stieß nach, und wieder bewährte sich sein Feldherrnglück. Aber er scheiterte an der Unbotmäßigkeit der eigenen Soldaten. Armenien mußte geräumt werden, und Mithridates konnte sogar Pontos zurückgewinnen.

Zu diesem Zeitpunkt wurde Lucullus durch Pompeius abgelöst. Es kam zu heftigen Zerwürfnissen zwischen beiden Feldherren. Pompeius erklärte die Anordnungen seines Vorgängers für ungültig und zog dessen Heer zu sich herüber. Mithridates verlor erneut Pontos, und Tigranes mußte sich, schwer gedemütigt, unterwerfen. Bis zum Kaukasus drang der Sieger vor. Als letzte Zuflucht blieb Mithridates sein bosporanisches Reich. Dort betrieb er neue Rüstungen, aber der Abfall aller und zuletzt des eigenen Sohnes zwang ihn, Hand an sich zu legen (**63**).

Schon 64 war Pompeius in Syrien eingedrungen. Er beseitigte die Reste der seleukidischen Herrschaft und benutzte einen Zwist im jüdischen Fürstenhaus, um sich auch in Palästina einzumischen. Jerusalem ergab sich rasch, aber im Tempel leistete die Partei des Aristobulos längeren Widerstand. Pompeius setzte dessen Bruder Hyrkanos als Hohenpriester ein und schlug Judäa zur neu eingerichteten Provinz (63) Syrien.

Für die Zeitgenossen war dies ein Siegeszug, der an größte Vorbilder zu gemahnen schien. Von Cicero wurden im Jahre 62 *magnus ille Alexander* und *noster hic Magnus* zusammengestellt[7]). In Rom war, während Pompeius noch die Verhältnisse Kleinasiens ordnete, der Kampf gegen das senatorische Regiment weitergegangen. Im Wettbewerb mit Pompeius, *qui dignitate principibus excellebat*[8]), suchte sich Crassus seinerseits die Stellung eines *princeps civitatis*[9]) zu erringen. Gestützt auf sein gewaltiges Vermögen und auf die Hilfe des Ritterstandes, verband er sich mit dem aufstrebenden Parteigänger der Popularen, C. Iulius Caesar. In der Zehnerkommission, die das abgelehnte Ackergesetz des Volkstribunen P. Servilius Rullus (63) vorsah, war für beide eine beherrschende Stellung geplant. Crassus, schwerlich auch Caesar, begünstigte die Umtriebe des L. Sergius Catilina, der, vornehmer Herkunft, aber tief verschuldet, an der Spitze einer Reihe von Schicksalsgenossen Schuldentilgung zum Programm erhob. Gegen drohenden Umsturz gelang es dem einem Rittergeschlecht entstammenden Konsul des Jahres 63, M. Tullius Cicero, Senatoren und Ritter unter dem Schlagwort der *concordia ordinum* zusammenzuschließen. Vom Senat erwirkte er das *consultum ultimum*, die Erteilung der diskretionären Gewalt, und ließ die Führer der Bewegung in Rom ergreifen und hinrichten. Mit seinem Anhang fand Catilina selbst Anfang 62 bei Faesulae tapfer kämpfend den Tod.

---

7) Arch. 24; M. Gelzer, a. O. 12.

8) Vgl. Cic., imp. Pomp. 41; weitere Äußerungen bei M. Gelzer, a. O. 10.

9) Vell. 2, 30, 5; Cic., de off. 1, 25; M. Gelzer, a. O. 19.

Außenpolitisch hatten Pompeius' Erfolge die Grenzen Roms bis zum Kaukasus und Euphrat erweitert. Im Innern hatte sich unter Ciceros Führung das Senatsregiment noch einmal bewährt. Aus dieser Zeit, für deren Ereignisse die ciceronischen Reden und Briefe mit ihrer Unmittelbarkeit, ihrer Fülle von Einzelheiten bereits zu strömen beginnen, liegen zwei geschichtliche Darstellungen vor. Beide sind sie nicht in ursprünglicher Form erhalten, sondern müssen aus ihren späteren Benutzern hergestellt werden. Die eine geht auf einen ausgesprochenen Vertreter der Senatspartei, Q. Hortensius Hortalus (oben S. 39), zurück und spiegelt die Anschauungen des Standes, der politischen Gruppe, der er sich zurechnete[10]). Die zweite Darstellung ist das Geschichtswerk des größten geistigen Vertreters seiner Epoche: Poseidonios.

2.

Es mag verwegen erscheinen, an Werken, die seit Jahrhunderten gelesen, gedeutet und kritisch behandelt wurden, Entdeckungen zu versuchen. Die Proömien zu Sallusts Geschichtswerken gehören in diese Reihe, und dem Nachweis, daß ihnen poseidonisches Gut zugrunde liege, hat sich die Forschung mit einer gewissen Vorliebe gewidmet. Gleichwohl ist es Ziel der folgenden Ausführungen, diesen Nachweis zu erweitern und abzurunden. Es will uns scheinen, als sei Entscheidendes bisher nicht bemerkt worden.

Ausgangspunkt sollen die einleitenden Kapitel der Schrift über die catilinarische Verschwörung bilden. Es läßt sich nicht vermeiden, an Bekanntes anzuknüpfen. Alle Menschen, so beginnt es, müssen danach trachten, ihr Leben nicht in Vergessenheit zu verbringen gleich dem Tier, dem Natur nur Befriedigung niederster Triebe gewährt hat. *Animus* und *corpus* heißen die Pole, zwischen die unser Dasein gespannt ist[11]), der eine lenkend, das andere dienend; jener uns mit den Göttern gemein, dieses mit dem

10) F. Altheim, Röm. Religionsgesch. 2 (1953), 88 f. Zum Folgenden vgl. Studi in onore di Pietro de Francisci 1, 103 f.

11) Dazu K. Reinhardt, Kosmos u. Sympathie 285 f.

Tier. Darum soll man sich der Geisteskräfte statt der körperlichen bedienen, und da unser irdisches Dasein kurz ist, der Erinnerung daran möglichste Dauer verschaffen. Denn Ruhm, der sich auf Reichtum und Schönheit gründet, bleibt ein gebrechlich Ding: *virtus* aber ist leuchtend und ewig (1, 1—4).

Als Gedankengang ist dies klar und unmißverständlich. Der Gegensatz, der sich entfaltet, durchläuft verschiedene Aspekte: *praestare ceteris animalibus* steht *vitam silentio transire* gegenüber, *animus* dem *corpus*, *ingenium* den *virium opes*, *gloria fluxa atque fragilis* der *virtus clara aeternaque*. Um so merkwürdiger ist der Fortgang.

»Lange stritt man sich unter den Menschen, ob durch Körperkraft oder Geistesgröße das Kriegswesen besser vorankomme.« *Vis corporis* und *animi virtus* entsprechen den bisherigen Gegensätzen, aber was soll die Einengung des Gedankens auf das Kriegswesen[12])? Sie wird nicht motiviert, und sie wird bald darauf wieder aufgegeben. Denn mag man auch die Ausführungen über den Frieden (2, 3—6) als durch den Gegensatz bedingt verstehen: von 2, 7 ab ist von Krieg (und auch von Friede) nicht mehr die Rede. Doch anstößiger als die Anknüpfung des Abschnittes ist sein Inhalt.

Im Kriege bedürfe man des Geistes und Körpers gleichermaßen (1, 7). Die ältesten Könige hätten sich bald für den einen, bald für den anderen entschieden. Doch als man das selbstgenügsame Leben der Frühzeit aufgab und in Asien Cyrus, in Griechenland Lazedämonier und Athener daran gingen, Nachbarn zu unterwerfen, aus Herrschsucht Kriege vom Zaun zu brechen, *maxumam gloriam in maxumo imperio putare*, da habe man erkannt, daß im Krieg *ingenium* am meisten vermöge.

---

12) Als Einziger hat W. Steidle in seinem Kommentar (1949) die Schwierigkeit bemerkt. „Die Überlegenheit geistig-charakterlicher Tüchtigkeit *(virtus)* über die Körperkraft wird durch die Geschichte, und zwar sowohl im Krieg, wo man es eigentlich nicht annehmen sollte, als auch im Frieden bestätigt." Doch davon, daß der Friede die Überlegenheit der *virtus* gegenüber dem Körper zeige, ist nicht die Rede.

Gloria ist demnach *lubido dominandi* zugeordnet, und negative Wertung von *lubido* wird durch 2, 5 bestätigt. Sieht man genauer zu, so ist es nur eine vermeintliche *gloria:* das hinzugefügte *putare* unterstreicht dies. Also entspräche *gloria fluxa atque fragilis* 1, 4? Schwerlich, denn diese war mit Reichtum und Schönheit, Materiellem also, verknüpft, während jene vermeintliche *gloria* der Herrschaft dem *ingenium* zur Seite steht.

Im folgenden begegnet *animi virtus* erneut. Hatte sie sich im Kriege gezeigt, so fehlte sie im Frieden. Wäre es anders, so blieben die Verhältnisse stabiler, als sie in Wirklichkeit sind. Nachdem aber an die Stelle von *labor: desidia,* an die von *continentia et aequitas: lubido atque superbia* getreten sind, geht Herrschaft von Hand zu Hand. Was ist gemeint? Man sieht nicht recht, inwiefern gesagt werden kann, daß im Frieden regelmäßig *animi virtus* fehle, daß also Frieden verderbe, was Krieg gewonnen hatte. Es kann allenfalls in besonderen Fällen so gegangen sein. Aber welche wären es gewesen?

Nicht weniger schwierig ist die Verknüpfung mit dem einleitenden Gedankengang. Krieg hatte die Überlegenheit von *animi virtus* und *ingenium* über den Körper erwiesen. Man würde danach erwarten, daß der Umschlag ins Gegenteil, den ein Fehlen derselben *animi virtus* im Frieden mit sich brachte, mit einer Auswirkung des Körperlichen zusammenhänge. Mit diesem Gegenüber hatte Sallust begonnen, und dasselbe Gegenüber wird mit 2, 7 aufgenommen. Die beiderseitigen Anklänge gehen ins Wörtliche: *dediti ventri atque somno* 2, 8 ~ *prona atque ventri oboedientia* 1, 1; *corpus* und *anima* stehen sich 2, 8 wie *animus* und *corpus* 1, 2 gegenüber; erneut wird *praeclari facinoris aut artis bonae fama* als höchstes Ziel bezeichnet. Doch in dem Abschnitt über den Frieden 2, 3—6 ist des Körpers mit keinem Wort gedacht.

Offenkundig fügt sich das ganze Stück 2, 1—6 Sallusts Gedankengang schwer ein. Es besitzt ein Eigenleben, das sich durch keine Angleichung dem bisherigen (1, 1—4) und dem späteren Gedankengang (2, 7 f.) dienstbar machen läßt. Aber was besagt das ausgesonderte Stück wirklich? Im Gegensatz zu dem, was ihm voranging, enthält es keine systematische Betrachtung, sondern eine geschichtliche Schilderung. Nicht zwei überzeitliche Größen, *animus* und *corpus,* stehen sich gegenüber; es folgen sich Stufen einer Entwicklung.

Das zeitliche Nacheinander ist scharf markiert: *initio* (2, 1), *postea vero* (2, 2), *tum demum* (2, 2), *verum ubi* (2, 5). Der Anfangsszustand ist gekennzeichnet durch Krieg und Selbstbehauptung, der Abschluß durch Friede und Fahrlässigkeit. Dazwischen ein Sonderfall kriegerischen Verhaltens: *lubido dominandi,* die sich in der Unterwerfung der Nachbarn äußert (2, 2), mit vermeintlicher *gloria* im Gefolge.

Lubido dominandi kann wie *lubido* schlechthin (2, 5) kein Lob meinen. Trotzdem läßt Sallust ihr die Bewährung des *ingenium* entspringen. Erst damit ist die Gleichberechtigung von *animus* und *corpus* beseitigt. Also auf der einen Seite eine zweifellos abschätzige Bewertung, auf der anderen die Erreichung eines geforderten Idealzustandes. Eine weitere Diskrepanz tritt damit zu den bisherigen hinzu. Doch das Ergebnis: *tum demum . . . compertum est in bello plurimum ingenium posse* war für Sallust wichtig genug, um Bedenken, wenn sie vorhanden waren, fallen zu lassen.

Noch einmal: es handelt sich um einen geschichtlichen Vorgang. Am Anfang die *reges* (2, 1), dann Cyrus in Asien, in Griechenland Lazedämonier und Athener. Cyrus und die Aufrichtung der lazedämonischen Hegemonie führen noch ins 6. Jahrhundert; bei den Athenern beginnt *lubido dominandi* mit dem Seebund 477[13]).

Aber das Stück 2, 1—6 schildert keinen der drei Genannten, sondern ein weiteres Volk, eine vierte Macht. Auch sie stand unter Königen, deren Herrschaft zunächst erfolgreich war, im Frieden aber entartete. Wer wäre gemeint?

---

13) W. Steidle zu 2, 2.

Mit 6, 1 beginnt eine römische Archäologie. Rom erwuchs aus einer Verbindung von Troianern und Aboriginern[14]). Verschiedenheit beider Bestandteile wird nachdrücklich unterstrichen: in Abstammung, Sprache, Sitte. Dem trat als Gegenmacht *concordia* entgegen, die den römischen Staat trotz verschiedenartigster Bestandteile zum Ganzen fügte (6, 2)[15]).

Neugewonnene Festigkeit hatte Rom im Kampf mit seinen Nachbarn zu erproben. Man bewährte sich unter dem *imperium* von Königen, denen ein Senat zur Seite stand (6, 6). Da trat ein Umschlag ein. *Regium imperium*, bisher Bewahrung der Freiheit und Mehrung des Staates zugewandt, wandelte sich *in superbiam dominationemque. Superbia* ist das Gegenteil von *conservandae libertatis esse, dominatio* von *augendae rei publicae; superbia* wirkt demnach im Innern, *dominatio* nach außen.

Sofort erinnert man sich, daß 2, 2 von *lubido dominandi* gesprochen war, die größten Ruhm in größter Herrschaft suchte. Gegensatz bildete dort ein älterer Zustand, da *sua cuique satis placebant.* Dann aber, als die Verhältnisse im Frieden und, was dasselbe besagte, im Innern betrachtet wurden, geschah der Einbruch von *lubido atque superbia* (2, 5). Die Lage, wie sie in Rom gegen Ende der Königszeit bestand (6, 7), entspricht dem, was in dem Abschnitt 2, 1–6 beschrieben wurde. Beiderseits handelt es sich um Königsherrschaft, die nach guten Anfängen entartete. Hinzu kommt die zeitliche Angabe 2, 2. Cyrus und die Anfänge der lazedämonischen Hegemonie liegen vor Tarquinius Superbus, an den zu denken *superbia* nahe legt, der attische Seebund kurz danach[16]). War in dem Stück 2, 1–6 römische Königszeit und insbesondere ihr Ausgang gemeint, so wurde sie in der Tat durch die genannten Daten nach oben und unten begrenzt.

Treffen diese Beobachtungen zu, dann hatte Sallust eine ausführliche Schilderung von Roms Niedergang zu Ende

---

14) *Aenea duce* zu *vagabantur*, wie W. Steidle richtig bemerkt.
15) Zum Text W. Steidle S. 9 Anm. 2—3.
16) W. Steidle zu 2, 2.

der Königszeit, die ihren Platz nach 6, 7 hätte finden müssen, herausgenommen und die heutige Stelle 2, 1—6 gesetzt. Was konnte ihn zu diesem Verfahren veranlassen? Sicherlich ist damit die düstere Schilderung der späteren römischen Verhältnisse vorweggenommen[17]). Aber warum an dieser Stelle? Sallust war der Abriß der römischen Archäologie, der 6, 1 beginnt und zu dem auch 2, 1—6 gehörte, vorgegeben. Die von ihm benutzte Vorlage setzte nicht nur nach Karthagos Eroberung (10, 1 f.) sittlichen Verfall an, sondern bereits gegen Ende der Königszeit, etwa gleichzeitig mit ähnlichen Ereignissen in Asien und Griechenland. Niedergang war hier als ein sich wiederholender Vorgang gedacht, während es für Sallust nur einen und alles überschattenden Niedergang gab, der mit dem Fall von Roms größter Gegnerin einsetzte. Einen früheren Vorgang gleicher oder ähnlicher Art konnte er nicht brauchen. Denn notwendig mußte dies die Wucht des einmaligen Ereignisses verringern, mußte es Hoffnung auf neue Erhebung wecken. So beschränkte er sich auf kurze Bemerkung 6, 7 und zog, was in seiner Vorlage dort gestanden hatte (2, 1—6), nach vorn, wo dergleichen gebraucht wurde. Damit geriet, was geschichtliche Schilderung war, in neuen Zusammenhang: in die Erörterung, ob wahrer Ruhm sich auf Körper oder Geist zu gründen habe. Sallust hat sein Bestes getan, um durch die Überleitung 1, 5—7 einen Anschluß nach oben herzustellen. Daß gleichwohl Fugen und Risse blieben, nimmt nicht wunder.

Besaß die spätere, nach Karthagos Zerstörung beginnende Krise für Sallust allein Bedeutung, so läßt seine Vorlage eine andere Bewertung erkennen. Für sie gab es zwei Krisen, und keine stand der anderen nach. Beider Schilderung ist so gehalten, daß die Entsprechungen hervortreten. Das zeigt: die Krisen sollten aufeinander bezogen und in ihrem Zusammenhang gesehen werden.

Da sind die äußeren Voraussetzungen. Wie in der Königszeit Eroberungen den Umschlag vorbereiteten (*urbis atque nationes subigere* 2, 2; *in . . . dominationem . . .*

17) W. Steidle zu 2, 3.

se convertit 6, 7; vgl. *lubidinem dominandi causam belli habere, maxumam gloriam in maxumo imperio putare* 2, 2), so auch später (*ubi . . . reges magni bello domiti, nationes ferae et populi ingentes vi subacti, Carthago, aemula imperi Romani, ab stirpe interiit* 10, 1). Beide Male tritt Müßiggang (*desidia* 2, 5; *otium* 10, 1) an die Stelle der bisherigen Anstrengungen (*pro labore* 2, 5; *labores* 10, 2) und Gefahren (*periculo atque negotiis* 2, 2; *pericula dubias atque asperas res* 10, 2). Unter den Lastern, die auf dem solchermaßen vorbereiteten Boden emporwachsen, entsprechen sich *superbia* (6, 7; 2, 5 ~ 10, 4) und Herrschsucht (*lubidinem dominandi* 2, 2; *lubido* 2, 5; *dominationem* 6, 7 ~ *imperi cupido* 10, 3). Beide Male wandelt sich der Charakter des *imperium* (2, 4; 6 ~ 10, 6). Ausführlicher ist Sallusts Schilderung bei der späteren Krise: *avaritia* und *ambitio* treten als bestimmende Triebkräfte hinzu.

Der Hervorhebung bedarf die zweimalige Nennung Fortunas (2, 6 und 10, 1). Hier wie dort benötigte es bestimmter Voraussetzungen für ihr Wirken: Veränderung der Sitten oder Beseitigung von Roms letztem Gegner. *Fortuna saevire ac miscere omnia coepit* im zweiten Fall (10, 1) entspricht ein *aliud alio ferri*, ein *mutari ac misceri omnia* im ersten (2, 3). Dabei darf die Figura etymologica, die im Nebeneinander von *ferri, transfertur* (2, 6) und Fortuna liegt, nicht überhört werden.

In der Schilderung der Krisen spricht der gleiche Autor, und dasselbe läßt sich für die restlichen Teile feststellen. Nach dem Niedergang, der ans Ende der Königszeit gehört, setzt erneuter Aufschwung ein (7, 1). Er hält an bis zur Zerstörung Karthagos. Kräfte, die zu Beginn Emporkommen und Größe herbeigeführt, wirken sich erneut aus und lassen die Stadt zur Herrscherin der Welt werden. Wieder ergibt sich Entsprechung, und sie reicht bis in die Wortwahl.

Virtus (2, 3 ~ 7, 2; 5; 9, 2), *cupido gloriae* (2, 2 ~ 7, 4; 6) und *concordia* (6, 2 ~ 9, 1) sind die Triebkräfte. Höchste Steigerung im Wetteifer um *gloria* entbrennt unter den

Bürgern selbst: jeder sucht den Mitbürger zu übertreffen (7, 6; 9, 2). Dem entspricht, was 6, 5 gesagt war. Hinzu kommt Treue gegen Freunde (6, 5 ~ 9, 2) und eine ständige Bemühung, die Müßiggang und Laster nicht aufkommen läßt. Von Gewicht sind zwei weitere Feststellungen.

Ingenio nemo sine corpore exercebat (8, 5) zeigt, daß Sallusts Vorlage im Zusammenwirken beider den idealen Zustand sah. Er bestand bereits in Roms Anfängen: *igitur initio reges ... divorsi pars ingenium, alii corpus exercebant* (2, 1); erst danach gewann *ingenium* Übergewicht (2, 2). Wer so sprach, war von Sallusts einseitiger Schätzung des Geistes weit entfernt. Emanzipation des Geistes fiel ihm mit *lubido dominandi* zusammen, bedeutete den Beginn des Verfalls. Erst der römische Historiker hat den eindeutigen Wortlaut für seine Zwecke umgebogen, und doch hat er 8, 5 das Ursprüngliche belassen.

Daneben sei auf das erneute Wirken Fortunas 8, 1 verwiesen. War ihr Wesen mit: *aliud alio ferri, mutari ac misceri omnia* (2, 3), *miscere omnia* (10, 1) umrissen worden, so empfängt sie jetzt eine nur wenig abgewandelte Kennzeichnung: *ea res cunctas ex lubidine magis quam ex vero celebrat obscuratque* (8, 1). Neben *lubido* heißt ihr Merkmal: *in omni re dominatur* (8, 1). *Lubido* und *dominatio* zeigten sich zu Ende der Königszeit in der *lubido dominandi* (2, 2), in der Verbindung von *superbia* und *dominatio* (6, 7). Auch da wurde vom Wirken Fortunas gesprochen (2, 5).

Indes bleibt das Hervortreten Fortunas 8, 1 von geringeren Folgen. Dem alten Rom war keine Geschichtsschreibung beschieden, die, gleich der griechischen, Ruhmestaten verzeichnet hätte. Daß Sallusts Vorlage Fortuna bemühte, um das Fehlen solcher Geschichtsschreibung zu erklären, ist aufschlußreich. Sie wandte sich an solche, die auf Schilderungen altrömischer Größe mit der Frage reagierten, woher man dergleichen wisse. Wer so fragte, war kein Römer, sondern Grieche. Für eine griechische Welt war verfaßt, was Sallusts Vorlage bot. Mit anderen Worten: er folgte einem griechischen Autor. Wer wäre es gewesen?

Dieser Autor behandelte Roms Geschichte in zusammenfassender Form. Einzelereignisse werden kaum genannt. Nur aus Andeutungen lassen sich Beginn und Ende der Königszeit, die ersten Jahrhunderte der Republik entnehmen. Etwas schärfer wird die Herrschaft über die Welt gekennzeichnet (10, 1). An Namen erscheinen nur Troianer und Aeneas, Aboriginer und Karthago. Mit keinem Wort ist auf den gallischen Brand angespielt.

Hier tritt eine zweite Eigentümlichkeit hinzu. Sallusts Autor liegt ausschließlich die innere Geschichte am Herzen. Äußere Ereignisse bilden nur Voraussetzungen oder Ergänzungen dessen, was allein maßgebend bleibt. Aufstieg und Verfall Roms werden bedingt durch inneren Wandel: durch Veränderung der Kräfte, die das Werden der Gesellschaft bestimmen, vor allem durch solche der *mores*.

Sodann verläuft das Geschehen nicht geradlinig, von stolzen Anfängen zu nachmaligem Verfall, sondern Blüte und Verfall treten paarweise auf: sie folgen einander im bestimmten Rhythmus. Geschichtliche Betrachtungsweise ist durch Wiederkehr des Gleichen bestimmt: sie ist zyklisch.

Endlich ist Fortunas zu gedenken. Sie ist überall zu Hause, wo *vicissitudines*, μεταβολαί ihre Rolle spielen. Aber Fortuna besitzt keine beherrschende Rolle, obwohl es einmal gesagt wird (8, 1)[18]). Wer genauer sieht, bemerkt, daß Fortuna nur wirken kann, wenn bestimmte Voraussetzungen gegeben sind: etwa wenn sich die *mores* ändern (2, 5); wenn alle Widerstände dahin sind (10, 1). Sie ist ein Grenzbegriff, Symptom mehr als Ursache; man darf sie beiseite lassen.

Wiederum läßt sich nicht vermeiden, auf Bekanntes zurückzugreifen. Einstimmigkeit herrscht darüber, daß 10, 1 f. Poseidonios' Ansicht zugrunde liegt[19]). Er legte Scipio Nasica, dem Gegner Catos, eine Warnung vor Kar-

---

18) Dort gebraucht Sallust die Wendung *in omni re dominatur*. Fortuna hat überall ihre tyrannische Hand im Spiele, beherrscht aber nicht alle Vorgänge. Ähnlich W. Steidle zu 10, 2 Ende.

19) Zuletzt F. Klingner, Hermes 43, 180 f.

thagos Vernichtung in den Mund[20]): σῳζομένης μὲν τῆς Καρχηδόνος ὁ ἀπὸ ταύτης φόβος ἠνάγκαζεν ὁμονοεῖν τοὺς Ῥωμαίους ... ἀπολομένης δὲ τῆς ἀντιπάλου πόλεως πρόδηλος ἦν ἐν μὲν τοῖς πολίταις ἐμφύλιος πόλεμος ἐσόμενος. Erwähnung des ὁμονοεῖν stimmt zu *concordia* (6, 2; 9, 2), die Bürgerkriege zu Sallusts gesamter Darstellung. Wenn Poseidonios auf den 111 verstorbenen Nasica zurückverweist, so zeigt dies, daß die Erörterung schon geraume Zeit im Gange war. In der Tat ging es um Zerstörung oder Erhaltung der gegnerischen Stadt bei dem Streit, den Nasica mit dem älteren Cato auszufechten hatte (F 113, 3 f.)[21]).

Poseidonios machte sich Nasicas Ansicht zu eigen, wie der Fortgang des Fragmentes zeigt. Es betont, daß, was Nasica vorausgesagt hatte, sich erfüllt habe (ἅπερ ἅπαντα συνέβη τῇ Ῥώμῃ μετὰ τὴν τῆς Καρχηδόνος κατασκαφὴν F 112, 6). Mehr noch: Poseidonios scheint unter solchem „Hauptaspekt" „den Gegenstand seines Geschichtswerkes gesehen zu haben[22])". In der Fassung des Gedankens drückte sich aus, daß die Entwicklung vom Fall Karthagos bis zu den Bürgerkriegen eine Einheit bilde[23]).

Doch schließt solche Feststellung eine Folgerung ein. Wenn in der Wertung von Karthagos Fall der „Hauptaspekt" von Poseidonios' Geschichtsschreibung lag, konnte dergleichen nicht, wie es in dem angezogenen Fragment geschieht, beiläufig erwähnt werden. Diese Schwierigkeit hat man immer gefühlt. Die erhaltene Stelle könne nicht die einzige gewesen sein: es ließe sich denken, daß eine Einleitung oder eigens eingelegte Kapitel wie bei Sallust den Gedanken ausführlicher darlegten[24]). Es kommt hinzu, daß Nasicas Voraussicht doch nur Bestätigung dessen sein konnte, was Poseidonios selbst in gleicher oder ähnlicher Form dargelegt hatte. Solche Darlegung aber mußte in grundsätzlicher Form geschehen; sie mußte sich bei Posei-

[20]) FGrHist 87 F 112 (= Diod. 34—5, 33).
[21]) M. Gelzer, Philol. 1931, 261 f. = Vom röm. Staat 1, 78 f.
[22]) F. Klingner, a. O. 183.
[23]) F. Klingner, a. O. 182—3.
[24]) F. Klingner, a. O. 183.

donios auf eine Gesamtauffassung Roms, von Geschichte überhaupt gründen.

Das Geforderte liegt in Sallusts römischer Archäologie vor, also in 6, 1 f., zusammen mit 2, 1—6 und 10, 1 f. Der Gedankengang dieser Abschnitte entspricht bis in alle Einzelheiten Poseidonios' grundsätzlichen Auffassungen, soweit man diese kennt.

Hier wird von Bedeutung die jüdische Archäologie desselben Verfassers[25]), die sich bei Strabon[26]) erhalten hat. Klingner ist die Übereinstimmung mit Sallusts Proömium entgangen. Gleichzeitig mit Klingners Aufsatz hat K. Reinhardt[27]) diesem Bruchstück aus Poseidonios' Historien eine ausführliche Behandlung gewidmet. Aber auch er hat übersehen, wie eng die jüdische mit der römischen Archäologie Sallusts verknüpft ist.

Sowenig römische Archäologie sich um die annalistische Überlieferung kümmert, tut es die jüdische um die der Bibel[28]). Art der Darstellung, ihre Stufen und die Berücksichtigung geschichtlicher Tatsachen gehen hier wie dort eigene Wege. Aber beiden ist gemeinsam: einmal, daß eine Form gewählt ist, die das einzelne und Zufällige zugunsten des Allgemeinen und Grundsätzlichen unterdrückt. Und dann, daß moralische Entwicklung und innerer Wandel sich als entscheidend erweisen[29]).

Palästinas Bewohner waren gleichfalls μιγάδες, mochten auch ihren Kern Ägypter bilden (16, 2, 34). Unter ihnen fand Moses seine Anhänger, gründete mit ihnen das Heiligtum von Jerusalem, wobei die Nachbarn sich anschlossen (ἁπάντων προσχωρησάντων τῶν κύκλῳ 36). Denn die Menschen als πολιτικοί leben unter vereinendem Befehl (ἀπὸ προστάγματος κοινοῦ 38). Anders wäre es nicht möglich, daß viele dasselbe tun (ἡρμοσμένως ἀλλήλοις 38) und ein gemeinsames Leben führen. Der Befehl (πρόσταγμα) kann doppelten Ursprungs sein. Bei den Juden war er παρὰ θεῶν, wie anderswo παρὰ ἀνθρώπων.

25) FGrHist 87 F 70.
26) 16, 2, 34—35.
27) Poseidonios über Ursprung u. Entartung 6 f.
28) K. Reinhardt, a. O. 6.
29) K. Reinhardt, a. O. 19.

Die Übereinstimmung mit Sallusts römischer Archäologie braucht man sich nur ins Gedächtnis zu rufen. Da ist die Entstehung aus verschiedenen Bestandteilen, das Zusammenwachsen zu einem Gemeinwesen mit gemeinsamer Lebensform (6, 1—2). Dem κοινόν dort entspricht *concordia* hier. Auch der „Befehl" (*imperium* 2, 1; 6, 6; 7) ist da; darf er sich auch nicht auf göttlichen Ursprung berufen, so bleibt er doch ein *imperium legitimum* (6, 6). Auch von der Urzeit wird beide Male gesprochen. Strabons ἀρχαῖοι (38)[30]) entsprechen Sallusts *initio* (2, 1).

Moses' Nachfolger hielten sich eine Zeitlang in seiner Bahn. Aber bald (ἔπειτα) gelangten Abergläubische, dann (ἔπειτα) tyrannische Menschen zur Priesterwürde. Veränderten die ersten den Kult, so erwuchsen ἐκ . . . τῶν τυραννίδων λῃστήρια. Man verwüstete eigenes Land und das der Nachbarn, raubte fremden Besitz und unterwarf große Teile Syriens und Phönikiens. Moses' Nachfolger wandelten sich von gutenAnfängen (τὰς μὲν ἀρχὰς λαβόντες οὐ φαύλας 39) zur Entartung (ἐκτραπόμενοι δ'ἐπὶ τὸ χεῖρον).

Erneut zeigt sich die Entsprechung. Auch in Rom gingen Unterwerfung der Nachbarn (2, 2; 10, 1) und innere Entartung nebeneinander her; τυραννίς dort entspricht *dominatio* (2, 2; 6, 7) hier; δεισιδαιμονία ist nach ihrer Funktion Sallusts *superbia* (2, 5; 6, 7) zu vergleichen. Der Ausdruck stimmt bis in die Wendungen überein (τὰς μὲν ἀρχάς 38 ~ *initio* 6, 7; ἐκτραπόμενοι 38 ~ *se convertit* 6, 7). Auch in Rom wirkte das gute Vorbild der Gründerzeit eine Weile, bis dann doch der Umschlag eintrat (2, 1; 6, 7).

Jerusalem verlor indessen auch im Verfall seine εὐπρέπεια nicht. Es blieb das Heiligtum, das man verehrte und achtete (38). Erst als die offene (φανερῶς 40) Tyrannis hinzutrat, kam es zum Fall der Stadt. Von ursprünglicher Reinheit ging es in doppelter Stufung abwärts zu Entartung und Strafgericht.

---

30) K. Reinhardt, a. O. 16 Anm. 3.

Nicht so in Rom. Nach dem Verfall unter den letzten Königen ein erneuter Umschlag: *sed civitas incredibile memoratu est adepta libertate quantum brevi creverit* (7, 2). Auch der zweite Verfall, nach Karthagos Zerstörung, blieb wohl nur bei Sallust endgültig: bei Poseidonios mußte wieder der Aufstieg folgen. Die von Nasica vorausgesagten (F 112, 6) ἐπικίνδυνοι δημαγωγίαι καὶ χώρας ἀναδασμοί umfassen die Gracchenzeit, die συμμάχων ἀποστάσεις den Bundesgenossenkrieg; die ἐμφύλιοι πόλεμοι gingen bis zu Sullas endgültiger Machtergreifung. Was darauf folgte, war nicht mehr von Karthagos verhängnisvoller Zerstörung bestimmt. Seitdem erkannt ist, daß Poseidonios' Darstellung bis zu Pompeius, zur Eroberung Jerusalems im Jahre 63, herabging[31]), muß erneut eine Wende zum Besseren angesetzt werden.

Bei den Juden allmählicher Abstieg, bei den Römern ständige Wiederkehr von Krise und neuem Aufstieg. Und doch ist es beide Male so, daß derselbe Betrachter spricht. Wiederkehr als Form geschichtlicher Betrachtung äußert sich nicht nur in Roms Geschichte: sie tut es auch in der jüdischen und mehr noch: sie äußert sich bis in alle Einzelheiten der sprachlichen und gedanklichen Fügung.

Denn auch bei den Juden bilden Ursprung, Entartung und Untergang „Correlative[32])“, wie es für Roms Ursprung, seinen Verfall und neuen Aufstieg gilt. Nicht nur in der römischen Archäologie entsprechen sich die Bilder, die Ursprung und Neuaufstieg oder die beide Krisen darbieten. Dieselbe Wasserlosigkeit, die einst Jerusalems Wahl bestimmt habe, machte die Eroberung durch Pompeius schwierig, bemerkt Reinhardt[33]) (ἔστι γὰρ πετρῶδες, αὐτὸ μὲν εὔυδρον, τὴν δε κύκλῳ χώραν λυπρὸν καὶ ἄνυδρον 36; ἦν γὰρ πετρῶδες καὶ εὐερκὲς ἔρυμα, ἐντὸς μὲν εὔυδρον, ἐκτὸς δε παντελῶς διψηρόν 40). Und er fährt fort: dieselbe Antithese und Tyrannis, die der Geschichte der Entartung ihre Perspektive gibt, beherrscht auch

31) K. Reinhardt, a. O. 32 f.

32) K. Reinhardt a. O. 21.

33) a. O. 25 f.

die Geschichte der Zerstörung und des Strafgerichts. Dadurch, daß Alexander den Königstitel annimmt, gibt er der längst offenkundigen Entartung, der „Tyrannis", ihren offenbaren Namen: ἤδη δ'οὖν φανερῶς τυραννουμένης τῆς 'Ιουδαίας, πρῶτος ἀνθ' ἱερέως ἀνέδειξεν ἑαυτὸν βασιλέα 'Αλέξανδρος. Dem „Raub der Tyrannen" im Kapitel über die Entartung (37: ἐκ δὲ τῶν τυραννίδων τὰ ληστήρια) entspricht der „Tyrannenraub" im Kapitel über die Zerstörung (40: ἀνεῖλεν εἰς δύναμιν τὰ ληστήρια καὶ τὰ γαζοφυλάκια τῶν τυράννων).

Zum Schluß heißt es: Πομπήιος μὲν οὖν περικόψας τινὰ τῶν ἐξεδιασθέντων ὑπὸ τῶν 'Ιουδαίων κατὰ βίαν ἀπέδειξεν 'Υρκανῷ τὴν ἱεροσύνην (46). Sollte auch bei den Juden eine Rückkehr zur ursprünglichen Reinheit und damit ein Aufstieg vorliegen[34])? So wie für Rom der Aufstieg nach der Krise Rückkehr zur ursprünglichen Art bedeutete? Wie immer, es wird kein Zweifel mehr bestehen, daß bei Sallust und durch ihn Poseidonios zu uns spricht. Das Proömium der Historien ist nach seinen Grundzügen zurückgewonnen.

Dieses Proömium unterschied sich vom sallustischen dadurch, daß es einen ständigen Wechsel zwischen Blüte und Verfall, Gesundung und Entartung vertrat. Roms Geschichte durchlief gegen Ende der Königszeit und nach Karthagos Zerstörung seine dunkelsten Zeiten. Hingegen befand man sich zu Beginn, nach der Vertreibung der Könige und in der nachsullanischen Zeit im Aufstieg. Davon läßt sich nicht trennen, daß Poseidonios sein Werk bis zu Pompeius' Feldzügen im Osten geführt hat, genauer: wie die Behandlung der jüdischen Angelegenheit zeigt, bis zu deren Abschluß[34a]). Zugleich darf unterstrichen werden, daß Poseidonios der ὁμόνοια in den Blütezeiten des Staates entscheidenden Einfluß zuweist, einer Haltung, die Ciceros *concordia ordinum, concordia bonorum* weitgehend entspricht.

---

34) K. Reinhardt, a. O. 26.

34a) Über Poseidonios und Pompeius: H. Gelzer, Pompeius 82; 117 f.

3.

Ende 62 kam Pompeius aus dem Osten zurück und landete in Brundisium. Auf italischem Boden angekommen, entließ er, ohne einen Senats- oder Volksbeschluß abzuwarten, sein Heer. Darauf verzögerte der Senat, der Pompeius wegen seiner Verbindung mit den Popularen mißtraute, die von diesem beantragte Versorgung der Soldaten mit Geld und die Bestätigung der Maßnahmen im Osten. Auch bei Crassus fand Pompeius kein Entgegenkommen: der letztere bekundete offen seine persönliche Abneigung, die schon während des ersten Konsulates hervorgetreten war. Der Sieger über eine Welt stand allein.

Unerwartet erhielt er in Caesar einen Bundesgenossen. Dieser hatte sich als Propraetor im jenseitigen Spanien bewährt und beabsichtigte jetzt, sich für das Jahr 60 um den Konsulat zu bewerben. Caesar glückte es, Pompeius und Crassus auszusöhnen. Die drei schlossen einen Bund, der zunächst geheim blieb. Zur Festigung gab Caesar seine Tochter Iulia Pompeius zur Frau. Caesar selbst wurde für 59 Konsul und setzte als solcher die Wünsche des Pompeius durch. Zwei Ackergesetze, zugunsten der Veteranen und der Plebs, wurden beantragt und unter Aufteilung allen Staatslandes und zuletzt auch der kapuanischen Domäne[35]) durchgeführt. Der Widerspruch des zweiten Konsuls, M. Calpurnius Bibulus', und der Optimaten, trotz energischer Führung durch M. Porcius Cato, wurde übergangen. Alle Anordnungen des Pompeius im Osten erhielten ihre Bestätigung. Darüber hinaus regelte die *lex Iulia de repetundis* die Willkür der Statthalter in den Provinzen. Durch die *lex Vatinia*[36]) wurden Caesar selbst das diesseitige Gallien und Illyricum mit drei Legionen bis zum 1. März 54[37]) übertragen. Der Senat fügte noch das Narbonensische Gallien mit einer weiteren Legion hinzu[38]). Caesar war so der gerichtlichen Verfolgung durch seine optimatischen Gegner, die die Maßnahmen seines

---

35) H. Rudolph, Stadt u. Staat im röm. Ital. 161 Anm. 2.
36) Zur zeitlichen Ansetzung M. Gelzer, Herm. 63, 113 f.
37) M. Gelzer, a. O. 125 f.
38) Sueton, Div. Iul. 22; anders Cic., Att. 8, 3, 3; Plutarch., Caes. 14.

Konsulatsjahres nicht anerkannten, entzogen. Zudem besaß er die Grundlage einer Machtstellung, deren Bedrohlichkeit sich bald offenbaren sollte.

Vor seinem Abgang trug Caesar Sorge, daß Cicero und Cato, von denen er in erster Linie Durchkreuzung seiner Absichten zu erwarten hatte, aus Rom verschwanden. Während Cato mit ehrenvollem Auftrag entfernt wurde, ging Cicero angesichts eines von seinem Todfeind P. Clodius gegen ihn anhängig gemachten Prozesses in die Verbannung. Erst 57 kehrte er auf Betreiben des Senats zurück, nachdem Pompeius, dann auch Caesar ihre Einwilligung gegeben hatten.

Noch unter seinem Konsulat hatte Caesar, vermutlich durch P. Vatinius, einen Volksbeschluß über die latinische Kolonie Comum Novum durchbringen lassen. Deren Bürger behandelte er in der Folge als solche römischen Rechtes, und ebenso verfuhr er mit den übrigen transpadanischen Stadtgemeinden[39]). In ihrem Gebiet hob er seine Legionen aus. So schuf er sich zugleich eine starke Klientel und ein Heer, das ihm die Durchführung der Feldzüge in Gallien ermöglichte und auf dessen Treue er zählen durfte.

An der Grenze der Narbonensischen Provinz fand er eine Lage vor, die sofortiges Eingreifen verlangte. Die Helvetier wollten in Gallien eindringen. Suebische Scharen unter Ariovist hatten den Oberrhein überschritten, die Haeduer besiegt und sich im Land der Sequaner festgesetzt. Die einen wie die anderen wurden geschlagen und zur Umkehr gezwungen. Der Sieg brachte den Anschluß des mittleren Gallien, und nach dem Feldzug gegen die belgischen Stämme 57 zeichnete sich die Unterwerfung des ganzen Landes bereits ab.

Im Jahre 56 kamen die drei führenden Männer in Luca zusammen und erneuerten ihren Bund, diesmal in aller Öffentlichkeit. Pompeius und Crassus sollten 55 nochmals zusammen den Konsulat übernehmen und danach bis zum 1. März 50 Spanien und Syrien erhalten. Caesars prokon-

39) M. Gelzer, a. O. 136 f.

sularische Befehlsgewalt über die beiden Gallien wurde im Mai 55 entsprechend verlängert *(lex Pompeia Licinia)*[40]). Obwohl die Meldefrist für die Bewerbung um das Oberamt bereits verstrichen war, ging die Wahl durch. Auch die Regelung, die über die Provinzen getroffen war, wurde trotz des Widerstandes der optimatischen Gegner auf Antrag des Volkstribunen C. Trebonius Gesetz.

Die gewonnene Frist nutzte Caesar zur Fortführung seiner Pläne. Auch über den Rhein und nach Britannien stieß er jetzt vor. Sein Heer hatte sich auf zehn Legionen verstärkt. Dadurch war er gewappnet, die umfassende Schilderhebung der gallischen Stämme unter Führung des Vercingetorix niederzuwerfen (52). Alles Land links des Rheins wurde Provinz. Eine Heerschau im Gebiet der Treverer, die den Unterworfenen noch einmal die Macht Roms vor Augen führte (50), schloß die Feldzüge ab.

Crassus hatte sich noch im Konsulatsjahre 55[41]) in seine Provinz begeben. Er war zum Krieg gegen die Parther entschlossen. Aber er erlag mit seinen Legionen dem Reiterheer des Surenas südlich von Karrhai (53). Crassus selbst wurde in eine Falle gelockt und niedergemacht. Pompeius ließ Spanien durch Legaten verwalten und blieb in Rom. Dort hatten sich anarchische Zustände ausgebildet. Bewaffnete Banden des Clodius und Milo lieferten sich im Dienst des Pompeius und der Optimaten auf den Straßen förmliche Schlachten. Als bei einer solchen Gelegenheit Clodius auf dem Platz geblieben war, wurde die Lage unhaltbar. Pompeius wurde zum *consul sine collega* bestellt, um die Ordnung wiederherzustellen.

Auch das Verhältnis zwischen Caesar und Pompeius lockerte sich, zumal nach dem Tode der Iulia (54). Eine neue Ehe mit Cornelia, der Tochter des Q. Caecilius Metellus Scipio, knüpfte das Band zwischen Pompeius und seinen bisherigen Gegnern, den Optimaten[42]). Caesar sah sich einer geschlossenen Front gegenüber.

40) M. Gelzer, a. O. 127.
41) M. Gelzer, a. O. 117 Anm. 3.
42) F. Münzer, Röm. Adelspart. 317.

Die *lex Pompeia Licinia* hatte seinen gallischen Prokonsulat bis zum 1. März 50 verlängert[43]). Für das Jahr 48 war ihm der Konsulat zugesagt. Als Kollege war zuletzt Labienus in Aussicht genommen[44]). Caesar mußte daran liegen, die amtslose Zeit vom 1. März 50 bis zum 29. Dezember 49 zu überbrücken. Denn nach wie vor drohte die gerichtliche Verfolgung seitens seiner optimatischen Todfeinde[45]). Da die Provinzen für das Jahr 49 vor dem 1. März 50 vergeben sein mußten, schien Caesar für 49 unangefochten zu bleiben. Nach dem Herkommen hätte er das Imperium bis zum Triumph und damit bis zum Betreten der Stadt Rom behalten. Aber war er wirklich gesichert? Ein Gesetz des Pompeius ordnete 52 das persönliche Erscheinen bei der Bewerbung um die Ämter an. Danach hätte Caesar in Rom erscheinen und auf den Triumph verzichten müssen. Doch noch wurde er durch Privileg davon entbunden.

Im Grunde ging es indessen nicht um eine Rechts-, sondern um eine Machtfrage. Durch Senatsbeschluß von 52 war Pompeius über den 1. März 50 hinaus im Besitz der beiden Spanien bestätigt worden. Caesar dagegen hatte eine Verlängerung seines Prokonsulates nicht durchsetzen können. C. Scribonius Curio, der von Caesar *ingenti mercede*[46]) gewonnene Volkstribun des Jahres 50, empfahl eine friedliche Lösung. Caesar und Pompeius sollten beide ihre Provinzen aufgeben und ihr Heer entlassen. Aber die Optimaten und ihr nunmehriges Haupt waren zu keinem Nachgeben bereit. So blieb nur der Kampf.

Anfang 49 überschritt Caesar den Rubico und damit die Grenze Italiens. Rasch drang er voran, zumal Pompeius, dem der Oberbefehl übertragen worden war, mit den Magistraten und dem größten Teil des Senats Hauptstadt und Halbinsel räumte. Sein Plan ging dahin, in Makedonien ein großes Heer für die Entscheidung zu sammeln. Nach kurzem Aufenthalt in Rom (wobei den Transpadanern

---

43) Zum Folgenden: M. Gelzer, a. O. 127 f.
44) R. Syme, JRStud. 1938, 121 f.
45) Sueton, Div. Iul. 30; vgl. Cic., prov. cons. 45 f.
46) Sueton, Div. Iul. 39.

gesetzlich das Bürgerrecht zuerkannt wurde) wandte sich Caesar gegen die fünf pompeianischen Legionen, die in Spanien standen. Unter schwierigen Kämpfen nördlich des Ebro erzwang er ihre Übergabe. Von dem Praetor M. Aemilius Lepidus zum Diktator ernannt[47]), kehrte Caesar nach Rom zurück und regelte dort in wenigen Tagen das Dringlichste. Dann legte er die Diktatur nieder und eilte zum Heer.

Mit sieben Legionen setzte er über das Adriatische Meer. Zwischen Apollonia und Dyrrhachion kam es zu Stellungskämpfen mit der gesammelten Macht des Pompeius. Da dieser das Meer beherrschte, war Caesar von vornherein im Nachteil. Trotzdem suchte er den Gegner durch Verschanzungen einzuschließen, zog aber den kürzeren und wandte sich rasch entschlossen ins Innere, nach Thessalien. Pompeius stand der Weg nach Italien frei. Doch er folgte Caesar nach und nahm bei Pharsalos die Schlacht an (Sommer 48). Pompeius wurde völlig geschlagen. Er floh, an weiterem Kampf verzweifelnd, zu Schiff nach Osten und wandte sich schließlich nach Ägypten, wo er bei Ptolemaios XII., dem Sohn seines Günstlings Ptolemaios Auletes, Zuflucht suchte. Aber bei der Landung wurde er auf Befehl des jungen Königs ermordet.

Caesar folgte über Kleinasien nach Ägypten. In Alexandreia griff er in den Thronstreit zwischen Ptolemaios XII. und seiner Schwester ein und führte die vertriebene Kleopatra, die ihn zu gewinnen wußte, zurück. Von den empörten Bürgern der Stadt und dem königlichen Heer mit wenigen Soldaten in der Königsburg eingeschlossen, wurde er erst durch östliche, darunter auch jüdische Hilfstruppen unter Führung des Mithridates von Pergamon befreit. Nach Ptolemaios' Tod wurde Kleopatra, die auch weiterhin in Caesars Leben eine Rolle spielte und von ihm ihren Sohn Kaisarion empfangen haben wollte, praktisch Alleinherrscherin. Caesar besiegte in fünf Tagen den bosporanischen König Pharnakes, Sohn des großen Mithridates, der inzwischen in Kleinasien eingefallen war, und eilte weiter

[47]) Zu Caesars Diktaturen P. Schnabel, Klio 19, 354 f.

nach Afrika. Dort war von den geflüchteten Anhängern des Pompeius die Zeit zum Aufbau eines neuen Heeres benutzt worden. Während manche Senatoren wie Cicero nach Pharsalos die Verzeihung des Siegers nachgesucht und erhalten hatten, beharrten Cato, Q. Caecilius Metellus Scipio und Caesars einstiger Legat Labienus auf ihrem Widerstand und gewannen den König Iuba von Numidien zum Bundesgenossen. Ihre vereinigte Streitmacht wurde jetzt von Caesar bei Thapsus besiegt. Sein unerbittlichster Gegner Cato gab sich selbst in Utica den Tod. Iubas Königreich wurde aufgeteilt, die eine Hälfte als *Africa nova* Provinz (46).

In Rom feierte Caesar einen vierfachen Triumph über Gallien, Ägypten, Pharnakes und Iuba. Gleichzeitig begann er eine umfassende Gesetzgebung, die der Versorgung der Veteranen, die Anlage von Kolonien nicht nur in Italien, sondern auch weiterhin in den Provinzen sowie die Verminderung der hauptstädtischen Versorgungsempfänger zum Ziel hatte. Auch Caesars Kalenderreform fällt in diese Zeit. Aber nochmals hatte er mit einer Erhebung der Pompeianer zu kämpfen. Cn. und Sex. Pompeius, Söhne des Magnus, Labienus und P. Attius Varus hatten im südlichen Spanien erneut Streitkräfte zusammengebracht. Sie mußten bei Munda (17. März 45) in hartem Kampf besiegt werden; nur Sex. Pompeius entkam dem Morden. Stärker noch als zuvor treten jetzt in Caesars Maßnahmen die Umrisse eines Regiments hervor, in der alles auf die Persönlichkeit des großen Einen gestellt war. Das galt gleichmäßig für die innere Ordnung wie für die Eroberungen, die ins Auge gefaßt waren (unten S. 93 f.).

Solche Pläne konnten nicht unwidersprochen bleiben. Caesar selbst fühlte den Haß, den ihm die Mitglieder der gestürzten Oligarchie entgegenbrachten. Zu tief griff er in das Gefüge des Überlieferten ein. Etwa sechzig Männer, an der Spitze M. Iunius Brutus und C. Cassius, taten sich zusammen, um, wie es ihre Bürgerpflicht zu verlangen schien, den „Tyrannen“ zu töten und die Freiheit wiederzugewinnen. Es waren solche darunter, die Caesars höchste Gunst besaßen, an die er umsonst seine *clementia* verschwendet hatte. Er selbst wurde mehrfach gewarnt. Aber er wehrte alles ab, im Vertrauen auf seine Fortuna, seine Tyche (unten S. 94 f.). Am 15. März 44 trafen ihm im Saal des Pompeiustheaters die Dolche. Mit dreiundzwanzig Stichen brach Caesar, lautlos[48]) sich in seine Toga hüllend, zusammen.

4.

Die Gegner triumphierten: Cicero sprach von einem *gloriosissimum factum*[49]). Zunächst bestand allgemeine Verwirrung. Doch zwei Tage später war man soweit, daß es zu einer Verständigung zwischen den Caesarmördern und der Senatsmehrheit einerseits, den Führern der caesarischen Partei M. Antonius und M. Aemilius Lepidus andererseits kam. Antonius, im Besitz von Caesars politischen Papieren und seines Schatzes, spielte zunächst den Vermittler. Man einigte sich dahin, daß die Mörder amnestiert und in ihren Ämtern bestätigt wurden. Aber auch die *acta* Caesars mit Einschluß des Testaments und der noch unveröffenentlichten Verordnungen wurden für gültig erklärt und ein Staatsbegräbnis angeordnet. Bei diesem gelang es Antonius, den Haß der Plebs gegen die Mörder derart anzufachen, daß diese Rom verließen und sich in ihre Provinzen begaben.

Antonius stand jetzt allein auf der Bühne und wußte diese Gelegenheit zu nutzen. Anfang Juni 44 wurden ihm durch Volksbeschluß die beiden Gallien (jedoch mit Ausnahme der Narbonensis) auf fünf Jahre übertragen. Er war damit im Besitz eines Heeres und des prokonsularischen Imperiums. Doch der Senat unter Führung Ciceros war nicht gewillt, auf seine neugewonnene Stellung zu verzichten. Er war es um so weniger, als Antonius unerwartet auf Schwierigkeiten stieß. Im diesseitigen Gallien fand sich sein Vorgänger D. Brutus nicht bereit, zu weichen. Vor allem aber trat der neunzehnjährige C. Octavianus hervor. Als nächster männlicher Verwandter Caesars war er von diesem im Testament adoptiert. Er nahm das Erbe an und

48) „Das tragische Schweigen": F. Jacoby, FGrHist. 2 C, 278.

49) Cic., Phil. 2, 25; vgl. 32.

nannte sich seitdem *C. Iulius Divi filius Caesar*. Von dem Haupt der caesarischen Partei abgewiesen, fand er im Senat einen Verbündeten. Im scharfen Wettbewerb mit Antonius gelang es Octavian, auf eigene Kosten und als Privater aus Caesars Veteranen ein Heer zusammenzubringen und so das militärische Gleichgewicht herzustellen. Die Caesarianer waren damit in zwei Lager gespalten.

Als D. Brutus mit Waffen Widerstand leistete und von Antonius in Mutina belagert wurde, kam es zur Kriegserklärung des Senates an diesen. Die Konsuln des Jahres 43, A. Hirtius und C. Vibius Pansa, rückten zusammen mit Octavian, der praetorische Befehlsgewalt und konsularen Rang erhalten hatte, vor Mutina. In einer Doppelschlacht, in der beide Konsuln fielen, wurde Antonius geschlagen und zog sich ins jenseitige Gallien zurück. Damit schien die Sache des Senats gesiegt zu haben. Man faßte Mut, erklärte Antonius zum Staatsfeind und bestätigte die Caesarmörder Brutus und Cassius im Besitz ihrer Heere und des *imperium maius*, das sie sich im Osten angeeignet hatten. Octavian überging man und betraute statt seiner D. Brutus mit dem Oberbefehl.

Aber der Erbe Caesars war nicht gewillt, sich beiseite schieben zu lassen. Er nahm eine Wendung gegen den Senat vor. Mit Antonius und Lepidus, die inzwischen ihre Streitmacht vereinigt hatten, verständigte er sich und zog gegen Rom. Dort erzwang er den Konsulat und ließ die Mörder seines Vaters verurteilen und ächten. Darauf marschierten Antonius und Lepidus in Italien ein und schlossen mit Octavian bei Bononia auf einer Insel des Rhenus einen neuen Dreibund. Er regelte die Verteilung der Provinzen und Ämter, die Belohnung der Truppen und die Kriegführung gegen die politischen Gegner. Durch die *lex Titia* wurden im November 43 alle drei als *triumviri rei publicae constituendae* mit unbeschränkter Gewalt auf fünf Jahre anerkannt. Die Gegner wurden durch Proskription geächtet und das Urteil an ihnen vollzogen, soweit sie sich nicht zu Brutus, Cassius oder auch zu Sex. Pompeius retteten, der mit einer Flotte das Meer beherrschte. Cicero war unter den

Opfern: durch seine „Philippischen Reden“ hatte er sich Antonius' tödlichen Haß zugezogen.

Damit war die Bahn zur Abrechnung mit Brutus und Cassius frei. Beide hatten im Osten Truppen, Schiffe und Geld mit rücksichtslosen Mitteln zusammengebracht. Mit fast 100 000 Mann zogen sie dem Heer der Triumvirn über den Hellespont entgegen. Anfang Oktober[50]) 42 kam es bei Philippi zu einer Doppelschlacht, in der Cassius von Antonius, Octavian von Brutus besiegt wurden. Zwanzig Tage später entbrannte eine neue Schlacht, die mit einem völligen Sieg der Caesarianer endete. Cassius hatte sich bereits nach der ersten Schlacht getötet; jetzt entzog sich Brutus der Gefangennahme auf gleiche Weise. Es war das Ende der Republik.

Die Sieger nahmen eine neue Verteilung der Provinzen vor. Lepidus, der in Rom geblieben und nur mehr geduldet war, mußte sich mit Afrika abfinden. Antonius ging in den Osten und verbrachte dort den Winter 42/41 an der Seite Kleopatras in Alexandreia. Octavian hatte unterdessen für fast 100 000 Veteranen Land zu beschaffen. Zwangsenteignungen und manche Gewaltsamkeiten waren nicht zu umgehen. Es kam hinzu, daß die Kaperflotte des Sex. Pompeius die Kornzufuhr unterbrach. Die entstandene Erregung benutzten L. Antonius, Bruder des Triumvirn, und dessen Gattin Fulvia zu einem Schlag gegen Octavian. Es gelang ihnen, für kurze Zeit Rom zu besetzen; dann wurden sie auf Perusia zurückgeworfen und dort zur Übergabe gezwungen (40).

Im Osten hatten die Parther Syrien und große Teile Kleinasiens überflutet. Um die verlorenen Provinzen zurückzugewinnen, brauchte Antonius italische Mannschaften. So kehrte er zurück, aber Brundisium sperrte ihm den Hafen, und ein Bürgerkrieg mit Octavian schien unvermeidlich. Doch durch Vermittlung des C. Cilnius Maecenas und des C. Asinius Pollio kam es im Herbst 40 zum *foedus Brundisinum.* Es bestimmte, daß Octavian den Westen, Antonius den Osten und Lepidus Afrika erhielten; Italien

---

50) Zum Datum zuletzt J. Schmidt, RE. 19, 2224 f.

blieb allen gemeinsam. Antonius, der Fulvia gerade verloren hatte, ehelichte Octavia, die Halbschwester Octavians. Auch mit Sex. Pompeius schloß man 39 Frieden. Als Herr der See wurde er im Besitz von Sizilien, Sardinien und Korsika anerkannt. Weitere Versprechungen wurden ihm gemacht, aber nicht eingehalten. Schon 38 kam es zwischen ihm und Octavian erneut zum Kampf. Er ließ sich ebensowenig vermeiden wie der Partherkrieg im Osten.

Feindseligkeiten hatten hier wie dort schon begonnen, als es durch Vermittlung Octavias zu einer Übereinkunft in Tarent kam (37). Octavian und Lepidus versprachen Antonius Truppenhilfe gegen die Parther, während dieser eine Flotte gegen Sex. Pompeius zur Verfügung stellte; auch Lepidus wollte sich an diesem Kampf beteiligen. Nach verschiedenen Rückschlägen gelang es Octavians Feldherrn M. Vipsanius Agrippa, über die Flotte des Sex. Pompeius bei Naulochos den entscheidenden Erfolg zu erringen (36). Der Besiegte floh zu Antonius in den Osten, wo er den Tod fand. Lepidus war schon vorher auf Sizilien gelandet und stieß dort mit Octavian zusammen. Aber Lepidus' Heer verließ ihn, und er selbst mußte sich der Gnade des Siegers überantworten. Lepidus verlor Triumvirat und Provinzen; nur die Würde einer Pontifex Maximus wurde ihm belassen. Damit war der ganze Westen Octavian zugefallen.

Unterdessen hatten Antonius' Legaten die von den Parthern besetzten Ostprovinzen zurückgewonnen. Er selbst heiratete Kleopatra und übergab ihr als Morgengabe Teile Syriens und Kilikiens sowie der Insel Kypros (37/36). Der Partherfeldzug, mit erheblichem Aufwand militärischer Machtmittel unternommen, endete mit einem Mißerfolg, der Antonius' Ansehen empfindlich schädigte. Zwei Jahre später (34) suchte er die Schlappe durch Gefangennahme des armenischen Königs auszugleichen. Aber die großartigen Pläne, die er in der Nachfolge Alexanders hegte, blieben unausgeführt.

Alles drängte jetzt zur Auseinandersetzung mit Octavian. Zum politischen Gegensatz trat der persönliche. Octavia, die bisherige Vermittlerin, war von Antonius zugunsten Kleopatras verschmäht worden. Die Unbekümmertheit, mit der dieser über römischen Besitz zugunsten der Ägypterin und ihrer Kinder verfügte, erregte in Rom Empörung. Octavian wußte diese Stimmung zu schüren. Auch die eheliche Verbindung mit der fremden Königin war römischem Empfinden ein Ärgernis. Beide Triumvirn erhoben in Streitschriften öffentliche Anklagen gegeneinander. Anfang 31 erklärte sich Antonius bereit, auf seinen Triumvirat zu verzichten und die alte Verfassung wiederherzustellen. Es war ein Schachzug, der den Gegner bloßstellen sollte; blieb doch Antonius durch die Verbindung mit Kleopatra nach wie vor im Besitz Ägyptens. Octavian antwortete, indem er Antonius den Triumvirat entziehen und Kleopatra den Krieg erklären ließ. Die Auseinandersetzung erfolgte unter der Form eines nationalen Kampfes gegen das letzte hellenistische Königtum des Ostens.

Antonius war zuerst zur Stelle. Aber trotz seines Aufgebotes von über 100 000 Mann mit 500 Schiffen erreichte er nichts. Im Frühjahr 31 ging Octavian mit 80 000 Mann und 400 Schiffen zum Angriff über. Am 2. September kam es bei Actium, am Golf von Ambrakia, zu einer Seeschlacht, die wiederum durch Agrippa entschieden wurde. Kleopatra und Antonius entkamen mit einem Drittel der Flotte, während der Rest und das Heer geopfert wurden. Im folgenden Jahre drang der Sieger von zwei Seiten her gegen Alexandreia vor; seine Widersacher nahmen sich das Leben. Ägypten wurde Provinz, blieb aber in Octavians eigenem Besitz; er ließ es durch einen ritterlichen Präfekten verwalten. Über Korinth kehrte er nach Rom zurück, wo er am 13.—15. August seinen Triumph feierte.

3. Gemeindestaat und Reichsstaat

1.

Im italischen Bundesgenossenkrieg hat moderne Forschung den entscheidenden Wendepunkt in der inneren Entwicklung Roms erkennen wollen. Als man in den Jahren 90 und 89 das Bürgerrecht an die Italiker verlieh, habe man anerkannt, daß die Halbinsel durch die Geschichte und durch die Herrschaft Roms als politischer und kultureller Macht eine Einheit geworden sei. Der Vorgang schien grundsätzlich jenem anderen zu gleichen, durch den im Jahre 212 sämtlichen Bewohnern des Reiches das Bürgerrecht verliehen wurde. Denn auch das Edikt Caracallas habe nur vollzogen, was sich längst angebahnt hatte. Waren doch die Unterschiede zwischen Italien und den Provinzen, dem einstigen Herrenvolk und den Untertanen, in zunehmendem Maße schon vorher eingeebnet worden.

Dadurch mußte dem Bundesgenossenkrieg allerdings eine bedeutende Stellung zufallen. In ihm hätte sich der Übergang vom alten Gemeindestaat zum Reichsstaat der Kaiserzeit angekündigt[1].) Denn wenn sich jener durch seine ständische Gliederung, durch ein wohlabgewogenes Nebeneinander politischer Gewalten und bürgerliche Freiheit kennzeichne, so sei ihm das Reich stets Domäne des Herrenvolkes geblieben. Provinzen und Bundesgenossen waren um Roms und nur um seinetwillen da. Auf der anderen Seite habe die Monarchie der Macht des Kaisers gegenüber nur Untertanen gekannt: sogar das herrschende Volk wurde auf die Rolle von solchen, wenn auch bevorrechteten, beschränkt. Notwendig habe dies zur Ausgleichung der einstigen Gegensätze geführt, und so finde man, daß schon Caesar die Ruhe Italiens dem Frieden der Provinzen gleichstelle und beides der Reichswohlfahrt unterordne[2]). Fasse man Caracallas Edikt als den Endpunkt, so bedeute die Erteilung des Bürgerrechts an die Italiker den Anfang. Erstmalig sei ein großes und in sich geschlossenes Gebiet in den römischen Staatsverband aufgenommen, einstige Bundesgenossen und Untertanen den Bürgern gleichgestellt worden. Der nächste Schritt seien die caesarischen Bürgerrechtserteilungen des Jahres 49 gewesen.

Bei schärferem Zusehen ergeben sich indessen Unterschiede. Sie sind so erheblich, daß die Stellung des Bundesgenossenkrieges sich verschiebt. Nicht ein zukunftsträchtiger

---

[1]) M. Gelzer, Gemeindestaat und Reichsstaat. Frankf. Universit.-Reden 19; wiederabgedruckt: Vom römischen Staat 1, 6 f.

[2]) b. c. 3, 57, 4.

Neueinsatz scheint mit ihm zu beginnen: er bedeutet den Abschluß einer Vergangenheit.

Nur Not hatte den Senat dazu vermocht, den Italikern das Bürgerrecht zuzugestehen. Die Mißerfolge des ersten Kriegsjahres, der Abfall der bisher treu gebliebenen Etrusker und Umbrer[3]), ein Mannschaftsmangel, der zur Verwendung von Freigelassenen in der Küstenwehr führte — alles riet zum Einlenken[4]). Auf die Einzelheiten[5]) der *lex Iulia* und der sie ergänzenden *lex Plautia Papiria* kann hier nicht eingegangen werden. Aber die kriegerische Notlage hat — soviel ist deutlich — den entscheidenden Antrieb bedeutet.

Dies allein macht bereits einen Unterschied von den späteren Bürgerrechtsverleihungen aus, insonderheit der des Caracalla. Als Akt höchster Gnade, in einer großartigen Aufwallung[6]), verlieh im Jahre 212 der Kaiser allen Untertanen das Bürgerrecht. Im anderen Fall dagegen wurde nichts überlassen und geschenkt: es mußte abgerungen und erkämpft werden. Und wenn gewährt wurde, so zögernd und widerwillig[7]). Die Neubürger blieben zunächst auf bestimmte Tribus beschränkt[8]). Der planmäßigen Absicht, die untertänige Bevölkerung am Genuß des Bürgerrechtes teilnehmen, sie zu vollberechtigten Mitgliedern des Reiches werden zu lassen, steht gegenüber die unter Druck gemachte Konzession.

Will man einen vergleichbaren Vorgang aus der römischen Geschichte, so bieten ihn nicht die Ereignisse der Kaiserzeit, sondern die früheren Jahrhunderte. Der Vergleich mit den Ständekämpfen drängt sich auf. Auch da ein Abringen und Abtrotzen, wodurch sich die Plebs Anteil am Regiment und damit die formelle Gleichberechtigung mit

---

3) Liv. per. 74.
4) Appian., b. c. 1, 211 f.
5) Münzer, RE. 10, 468; C. Cichorius, Röm. Stud. 130 f.; P. Bonfante, Storia del diritto Romano 3 1, 294 f.; 341; 363; Weiß, RE. 12, 2402 f.
6) F. Schulz, Prinzip. d. röm. Rechts 91, vergleicht treffend den kolossalen Stil der Caracallathermen.
7) Appian., b. c. 1, 212.
8) Appian., b. c. 1, 214 f.; Vell. Paterc. 2, 20, 2; dazu Th. Mommsen, Ges. Schrift. 5, 262 f.; Niese-Hohl 5 193 Anm. 2.

dem Patriziat erringt. Wiederum vollzieht sich der Übergang langsam, zögernd, und anfängliche Beschränkungen fallen erst mit der Zeit.

Die Ähnlichkeit geht teilweise ins Einzelne. Die Plebs zog hinauf auf den Aventin oder ließ sich auf dem Heiligen Berg nieder; sie schuf sich in Volkstribunat und Aedilität eigene Magistrate; sie setzte den Komitien ihre besonderen plebeischen Versammlungen entgegen. Auch die Italiker richteten einen eigenen Bundesstaat mit eigener Hauptstadt, einen eigenen Senat und ebensolche Magistrate ein[9]).

Die Größenverhältnisse des Bundesgenossenkrieges sind andere als sie für die Ständekämpfe gelten: hier eine einzige Stadt, dort fast die ganze Halbinsel. Aber im Grundsätzlichen besteht Übereinstimmung, und ein zweiter Parallelfall wird sie über jeden Zweifel erheben.

Gemeint sind die Latinerkriege. Um der Kürze willen beschränken wir uns auf den letzten: 341—338. Wie unter den Italikern[10]), so begegnen auch da die geheimen Abredungen und Vorbereitungen. Dem Namen nach gegen Samnium, rüstet man in Wahrheit gegen Rom[11]). In den Reden auf der latinischen Tagsatzung und vor dem Senat wird gefordert, der eine Konsul solle von den Latinern gestellt werden, ebenso die Hälfte des Senats. Fürderhin dürfe es nur ein Volk geben: auch der Latiner müsse den Namen des Römers tragen[12]). Es folgt, wie bei den italischen Bundesgenossen[13]), die brüske Ablehnung Roms und der Krieg. Die Regelung, die dessen Abschluß bildet, enthält die Zulassung zum Bürgerrecht, aber wiederum in Abstufungen und unter mancherlei Kautelen. Livius scheidet die Verleihung des minderen Bürgerrechtes[14]) von dessen unbeschränkter Erteilung[15]). Wenn für die Neubürger kurz darauf zwei eigene Tribus eingerichtet werden[16]), so mag

---

9) Strabon 5 p. 241; Diod. 37, 2, 4 f.; Appian., b. c. 1, 177; 181 f.
10) Appian., b. c. 1, 170 f.
11) Liv. 8, 3, 2 f.
12) Liv. 8, 5, 5 f.; vgl. 4, 3 f.
13) Appian., b. c. 1, 176.
14) 8, 14, 10 f.
15) 8, 14, 2—8; 8.
16) Liv. 8, 17, 11.

man eben dies mit dem Verfahren gegenüber den Italikern vergleichen (oben S. 33).

Vielleicht ließe sich gegen die Benutzung der annalistischen Berichte, auf denen unser Wissen von Ständekampf und Latinerkrieg beruht, Einwände machen. Die Schwierigkeiten, die selbst in den scheinbar so konkreten Angaben über die politische Neuordnung Latiums enthalten sind, hat man stets hervorgehoben[17]. Die jüngere Annalistik ließ, so könnte man sagen, gewollt oder ungewollt Vorstellungen ihrer eigenen Zeit miteinfließen. Sie gestaltete das Bild des letzten Latinerkrieges von dem zeitgenössischen Ereignis des Italikeraufstandes her. Aber gerade, wenn man das annimmt, so zeigt dies, daß in der Tat Übereinstimmungen vorlagen, daß Latiner- und Bundesgenossenkrieg, aufs Grundsätzliche hin gesehen, sich glichen.

Die großen und natürlichen Feindschaften, die zwischen Adel und Volk bestehen, sind der Quell aller politischen Übel. So äußert sich Machiavelli zu Anfang des dritten Buches seiner Florentinischen Geschichte. Denn wenn die einen stets befehlen wollen, so wollen die anderen nicht gehorchen, und aus diesem Gegensatz entspringen alle Wirren. Machiavelli meint die städtischen Gemeinden: er nennt ausdrücklich Florenz und Rom. Es geht um den Besitz der politischen Macht, die als eine feste Summe von Rechten gefaßt ist. Darum, ob sie unter einen möglichst engen oder unter einen weiteren Kreis von Nutznießern aufgeteilt werden soll.

Worten, die Livius den Latinern in den Mund legt, entnimmt man dieselben Anschauungen. Empörend sei es, daß man als Bundesgenosse nur gehorchen, nicht aber Anteil an der Herrschaft besitzen dürfe; hier müsse ehestens eine Änderung erfolgen[18]. Auf römischer Seite hingegen wünscht man die Befehlsgewalt zu behaupten und sich nicht von irgendeinem Latiner das Gesetz vorschreiben zu las-

---

17) Gelzer, RE. 12, 963; K. J. Beloch, Röm. Gesch. 375 f.; Kornemann, RE. 14, 576 f.; G. Wissowa, Herm. 50, 29 f. Dazu F. Altheim, Röm. Gesch. 2, 400 f.

18) Liv. 8, 4, 2 f.

sen[19]). Das sind durchaus gemeindestaatliche Denkformen, und ihre geradlinige Fortsetzung bedeutet es, wenn auch die italischen Bundesgenossen aus der Untertänigkeit heraustreten und selbst zur Herrenschicht gehören wollen[20]). Als Helfern der römischen Größe dürfe man ihnen Bürgerrecht und Anteil am Regiment nicht länger verweigern. Hingegen drückt sich der römische Standpunkt in dem gemessenen Befehl aus, zu gehorchen, bevor man sich auf Meinungsaustausch einlassen könne[21]).

Machiavelli weist indessen auf einen Unterschied zwischen Rom und Florenz hin. „In Rom wurde die Uneinigkeit zwischen Volk und Adel durch Reden *(disputando)* geschlichtet, in Florenz durch die Waffen. Die Fehden in Rom endeten durch ein Gesetz, die in Florenz mit der Verbannung und mit dem Tod zahlreicher Bürger. In Rom steigerten sie den kriegerischen Geist *(la virtù militare)*, in Florenz ertöteten sie ihn[22])." Er fügt hinzu, daß das römische Volk in Gemeinschaft mit den Adeligen der höchsten Ehren teilhaftig werden wollte. Hingegen „das florentinische Volk kämpfte für seine alleinige Herrschergewalt mit Ausschluß des Adels. Und wie das Verlangen des römischen Volkes das vernünftigere, waren auch die dem Adel auferlegten Beschränkungen leichter zu tragen. Sodaß dieser unschwer und ohne zu den Waffen zu greifen nachgab, und man nach einiger Meinungsverschiedenheit sich auf ein Gesetz einigte, durch welches dem Volk gewillfahrt wurde, ohne daß des Adels Ehre *(dignità)* darunter litt."

So war auch die Neuordnung der latinischen Verhältnisse, wie sie 338 erfolgte, ein Willfahren gegenüber Wünschen, die berechtigt waren. Roms eigne Größe werde dadurch gemehrt, daß man die Besiegten unter die Bürger aufnehme, und kein Regiment stehe fester, als wenn es unter Zustimmung derer, die gehorchen sollen, geordnet werde, ließ sich L. Furius Camillus im Senat vernehmen[23]).

---

19) Liv. 8, 5, 7: *ab Setino homine leges accipere.*
20) Appian., b. c. 1, 155.
21) Appian., b. c. 1, 176.
22) Übersetzung von A. v. Reumont.
23) Liv. 8, 13, 6 f.

Auch den Italikern gegenüber steckte der Senat seine Forderungen zurück und gewährte ihnen, was sie wünschten[24]). Damit steigerte er das Wohlwollen derer, die Rom bereits freundlich gesinnt waren; er macht die Schwankenden sicher und die Feinde in der Hoffnung auf den gleichen Gewinn gefügiger[25]).

Die *lex Iulia* verlieh zunächst den treugebliebenen Bundesgenossen das Bürgerrecht. Dem, was sich in der Not bewährt hat und was der Staat ohne Gefahr eignen Nachteils nicht mehr zu entbehren vermag, sollte der Platz in der Bürgerschaft nicht versagt werden. Daneben steht das inschriftlich erhaltene Dekret, durch das Cn. Pompeius Strabo auf Grund desselben Gesetzes einer spanischen Schwadron das Bürgerrecht erteilte[26]). Also ist Ciceros[27]) Angabe über den Inhalt der *lex Iulia* zu eng: nicht nur Latinern und italischen Bundesgenossen, sondern auch außeritalischen konnte jenes Recht verliehen werden[28]). Erneut zeigt sich, daß man das wirklich Bewährte, daß man positive Kräfte, wo sie zutage traten, dem vorhandenen Rahmen einzufügen wünschte. Danach verfuhr man gegenüber den spanischen Reitern, die sich vor dem Feinde ausgezeichnet hatten. Dasselbe Verhalten trat aber schon früher hervor. Die Regelung, die den Abschluß des Ständekampfes brachte, muß aus den gleichen Erwägungen heraus erfolgt sein[29]).

Allenthalben zeigt sich, daß die Erteilung des Bürgerrechtes an die Italiker nicht in die Zukunft, sondern in die Vergangenheit weist. Das Prinzip des Gemeindestaates war in keiner Weise angetastet. Daß dem so ist, bestätigt eine Beobachtung, die bereits von den Vertretern der entgegengesetzten Ansicht gemacht wurde[30]). Die Eingliede-

---

24) Appian., b. c. 2, 212.

25) Appian., b. c. 2, 213.

26) CIL. I, 2 2, 709 = 6, 37 045.

27) Balb. 21: *qua lege civitas est sociis et Latinis data, qui fundi populi Romani facti non essent, civitatem non haberent.*

28) M.Bang, CIL. 6, 4 p. 3 802.

29) F. Altheim, Epoch. d. röm. Gesch. 179 f.; Röm. Gesch. 2, 371 f.

30) M. Gelzer, Gemeindestaat u. Reichsstaat 12 f.; V. röm. Staat 1, 22 f.

rung in den römischen Gemeindeverband erfolgte in der Weise, daß der *ager Romanus* auf die Munizipien verteilt, ihnen eine eigene *res publica* zuerkannt wurde, aber die Souveränität des Volkes nach wie vor an Rom gebunden blieb. Durch die ausschließliche Ausübung des Stimmrechtes in der Hauptstadt mochten, nachdem die Bürgerschaft sich über ganz Italien verteilte, die größten Schwierigkeiten entstehen; gleichwohl zögerte man keinen Augenblick, das Verfahren beizubehalten. Eine Verlegung der Abstimmung in die Munizipien wurde nicht einmal erwogen.

2.

Auch Caesars Reichsgedanke wird darin erblickt, daß an die Stelle des republikanischen Gemeindestaates der monarchistische Reichsstaat habe treten sollen. Das bedeute nicht nur, „daß die Stadt Rom aufhört, der einzige Ort zu sein, an dem allgemeingültige politische Handlungen vollzogen werden, sondern auch, daß die Unterschiede in der staatsrechtlichen Stellung der Reichsangehörigen zum großen Teil aufgehoben werden zugunsten einer gleichmäßigen Verteilung der politischen Rechte und Pflichten, die ihren Ausdruck in freigiebigster Verteilung des römischen Bürgerrechtes an die Provinzialen, das heißt: in einer Verwandlung des bisherigen römischen Stadtbürgerrechtes in ein Reichsbürgerrecht fand. Es bedeutet ferner, daß für die Politik und Verwaltung nicht mehr nur die Belange eines verhältnismäßig kleinen Kreises von Menschen maßgebend sind ... vielmehr ist die Wohlfahrt aller Reichsangehörigen in gleicher Weise Zweck und Ziel der Reichsverwaltung[31]).«

Caesar wird in diesem Vorgang die entscheidende Rolle zugewiesen. Neben der Erteilung des Bürgerrechtes an Provinziale glaubte man seinen Rechtsgedanken vor allem in seinen Koloniegründungen verwirklicht. Die Verpflanzung römischer Bürgergemeinden in Gebiete, die von Rom gänzlich losgelöst waren, so hat man gesagt[32]), habe dem gemeindestaatlichen Charakter der römischen Republik den

31) L. Wickert, Klio 30, 232.

32) M. Gelzer, V. röm. Staat 1, 23 f.; 137 f.; 2, 54; 187.

Todesstoß versetzt. Sie kennzeichneten eine Reichspolitik, die auf die Staatsform der späteren Kaiserzeit hinführe[33]).

Schon hier müssen Vorbehalte gemacht werden. Die Erteilung des römischen Bürgerrechts an eine nichthauptstädtische Bevölkerung begann, wie gezeigt, schon mit dem Latinerfrieden von 338. Sie setzte sich fort mit der Einbeziehung auswärtiger Herrengeschlechter in die römische Nobilität[34]). Eine neue, erhebliche Erweiterung hatte die Bürgerrechtserteilung an die Italiker gebracht. Caesar bedeutete in dieser Abfolge eine neue Stufe, den früheren darin ähnlich, daß wiederum ein Kampf vorangegangen war. Abermals war es nur ein Schritt weiter, nicht mehr.

Ähnlich steht es mit den Koloniegründungen. Kolonien waren, nach einem Wort Ciceros, *propugnacula imperii.* Sie waren bestimmt, an exponierten Stellen des römischen Machtbereiches zu liegen, auch an geographisch exponierten. Das galt, solange sich die römische Herrschaft allein auf Italien erstreckte, für die Halbinsel. Und es mußte einmal auch für die Provinzen außerhalb gelten, sobald man begann, das gesamte Mittelmeergebiet einzubeziehen. Schon 171 war in Spanien die latinische Kolonie Carteia eingerichtet worden[35]). In Karthago wurde 122 eine Koloniegründung versucht, in Narbo 118 eine solche durchgeführt. Am Bagradas, in Thiburis und Uchi Maius waren Soldaten des Marius angesiedelt[36]). Pompeius hatte im Osten, in Nikopolis, eine Kolonie von Veteranen gegründet[37]). Caesars Anlagen gingen über diese Anfänge hinaus[38]). Aber wiederum bildeten sie nur Etappe innerhalb einer längst begonnenen Entwicklung.

Die entscheidende Frage bleibt, ob Caesar insofern einen Neuansatz bedeutete, als er bewußt auf die Verwirk-

---

[33]) M. Gelzer, a. O. 1, 24; Caesar [2] 300.
[34]) F. Münzer, Röm. Adelspart. 46 f.; 64 f.; vgl. 61; 185; 36 f.; Gelzer, RE. 12, 962; W. Schur, Hermes 59, 450 f.; H. U. Instinsky, Philol. 1943, 245 f.; F. Altheim, Röm. Gesch. 2, 403 f.
[35]) Liv. 43, 3, 1 f.
[36]) T. Frank in: An Econ. Surv. of Anc. Rome 1, 219. In diesem Zusammenhang gehört vielleicht Plutarch., Crass. 2, 10.
[37]) T. Frank, a. O. 1, 316.
[38]) M. Gelzer, V. röm. Staat 1, 138.

lichung seines „Reichsgedankens" hinarbeitete. Die quellenmäßige Begründung ist zugestandenermaßen spärlich[38a]). Aber wenigstens eine Grundlage schien es zu geben. Man fand sie in einem Brief Caesars an Metellus Scipio. Darin werde das Ziel, das zu erreichen es galt, genannt: „Ruhe Italiens, Friede der Provinzen, Erhaltung des Reichs". Der Name Roms sei verschwiegen. Das zeige, daß für Caesar nicht mehr der Gemeindestaat, sondern der Reichsstaat, das weite Ländergebiet Italiens und der Provinzen in seiner Gesamtheit, Gegenstand des Wirkens war[39]).

Also ein reichspolitisches Programm, wenn auch in Kürze ... Die Äußerung fällt in einem Brief, mit dem Caesar einen seiner öfters wiederholten Versuche macht, eine Verständigung mit Pompeius herbeizuführen[40]). War dies der rechte Ort, ein Programm zu entwickeln, das die Vorstellung der *res publica* umwälzen sollte? Und war es das Richtige, es bei seiner vollkommenen Neuheit mit wenigen Worten anzudeuten? Woher sollte der Adressat die Tragweite dessen, was da angedeutet wurde, auch nur ahnen? Und gesetzt selbst, er ahnte es, bedeutete es für ihn eine Empfehlung, sich für Caesars Verständigungsplan einzusetzen? Gerade um des Umstürzlerischen, das man in Caesars Absichten vermutete, also auch um der Siedlungsgesetze und der unrechtmäßigen Bürgerrechtserteilungen willen, war der Kampf zwischen Caesar und den Optimaten entbrannt.

Man sieht: Fragen über Fragen. Sie empfehlen die Annahme eines caesarischen Programmes gerade an dieser Stelle nicht. Ausgeschlossen aber wird es dadurch, daß es Caesar gar nicht als solches, nicht einmal als eignen Gedanken mit eignem Anspruch, vorträgt. Er malt mit der Ruhe Italiens, dem Frieden für die Provinzen und der Erhaltung des Reiches die zukünftigen Verdienste des Metellus Scipio, falls er durch dessen Vermittlung zu einer Verständigung mit Pompeius kommen werde.

38a) H. Strasburger, Histor. Ztschr. 175, 227.
39) M. Gelzer, V. röm. Staat 1, 23 f.; Caesar 2 278.
40) b. c. 3, 57,4.

Man stelle sich einmal vor, Caesar habe sich der Aussicht auf Verwirklichung seines eignen Programms als eines Lockmittels bedient, um den Optimaten Metellus Scipio gefügig zu machen! Ein größerer Widersinn ist kaum denkbar. In Wirklichkeit liegt es denn auch anders. Als Caesar vor Ariminum stand, stellte er seinem Gegner vor, mit welch geringer Mühe bei beiderseitigem Entgegenkommen sich Italien von Furcht befreien lasse[41]). Nachdem er nach Akrokeraunien übergesetzt ist, erfolgt ein neuer Versuch durch Vibullius Rufus. Hier wird Pompeius ermahnt, an sich und den Staat zu denken[42]). Man sieht: die Formulierungen wechseln. Solange auf italischem Boden gekämpft wurde, ist die Begründung auf die Ruhe Italiens gestellt. Später, als Volk und Senat zu Schiedsrichtern über Caesar und Pompeius aufgerufen werden[43]), geht es um diesen und die *res publica*. Rom wird also durchaus nicht verschwiegen. Inzwischen hat sich der Kampf in außeritalischen Gebieten abgespielt. Darum sind jetzt der Friede für die Provinzen, die Erhaltung des Reiches zur Ruhe Italiens hinzugetreten. Ein Verschweigen Roms ist auch da nicht beabsichtigt. Denn abgesehen davon, daß das Reich *(imperium)* römisch ist, gehören seit der Erteilung des Bürgerrechtes Rom und Italien zusammen[44]).

Die Dreiheit: Rom oder Italien, die Provinzen, das *imperium* oder verwandte Vorstellungen, zuweilen unter gemeinsamen Oberbegriff gestellt, kehren nicht nur bei Caesar[45]), sondern in großer Zahl bei Cicero[46]) wieder. Die Verbindung war geläufig, ohne daß daraus Folgerungen

---

41) b. c. 1, 9, 1.
42) b. c. 3, 10, 6.
43) b. c. 3, 10, 8.
44) b. c. 3, 12, 2: *omnis Italia populusque Romanus;* vgl. Cic., Phil. 5, 44; 6, 18; ep. 12, 5, 2 f. uam.
45) b. c. 3, 57, 4.
46) l. agr. 1, 2: *dignitas populi Romani violabatur, nomen imperii in commune odium orbis terrae vocabatur, urbes pacatae agri sociorum regum status decemviris donabantur. — 12: provincias civitates liberas socios amicos reges denique exhauriunt, admovent manus vectigalibus populi Romani;* vgl. 2, 13—34, wonach den Decemvirn *totam Italiam suis colonis ut complere liceat permittitur; omnes provincias obeundi, liberos populos agris multandi, regnorum vendendorum summa potestas datur.* — 2, 39: *Quirites omnis gentes nationes provincias regna;* vgl. noch prov. cons. 13 Anf.

auf einen Reichsgedanken gezogen werden können. Anläßlich der massenhaften Bürgerrechtsverleihungen des Antonius führt Cicero die Berufung auf jene Dreiheit gegen den ins Feld, der die Anordnungen Caesars auszuführen behauptete[47]). Von Caesars Reichsgedanken war er, trotz der schicksalsmäßigen Verbundenheit Italiens oder der *res publica* mit den Provinzen und dem Imperium, auch hier so weit entfernt wie möglich.

Damit ist das angebliche Zeugnis für Caesars Reichsgedanken, hoffentlich für immer, ausgeschaltet. Irgendein Bruch mit der römischen Vergangenheit ist hier so wenig wie an anderem Ort[48]) zu sehen. Der Weg ist frei für die Erörterung dessen, was die Quellen wirklich aussagen.

4. Caesars Alleinherrschaft

1.

Caesar war dadurch emporgestiegen, daß er die Mittel innenpolitischer Demagogie mit überlegenem Geschick handhabte. Seine Größe aber lag darin, daß er über diesen Bereich hinauszublicken vermochte[1]). Ihm stand die Gesamtheit der römischen Herrschaft, nicht die Machtkämpfe innerhalb der Oligarchie vor Augen. Notwendig mußte ihm deutlich werden, wie jede Ausdehnung der Grenzen Rom mit unverbrauchteren, jüngeren, stärkeren Völkern zusammenbrachte; wie innerhalb des Völkergürtels, der das Mittelmeer und die römischen Provinzen umgab, jeder Durchstoßung von innen eine neue Drohung von außen, vom Rande her antwortete. Gerade die gallischen Feldzüge waren geeignet, solche Wirkung zu verdeutlichen, und daß dem so war, zeigen Caesars Kommentarien.

---

47) Phil. 2, 92: *si haec manent, quae stante republica manere non possunt, provincias universas . . . perdidistis neque vectigalia solum, sed etiam imperium populi Romani diminutum est.*

48) F. E. Adcock, CAH. 9, 701. Das in der 1. Auflage (1948) Vorgetragene ist inzwischen auch von H. Strasburger, a. O. 255 f. vertreten worden.

1) M. Gelzer, a. O. 2, 53 f.

Seine große Tat war die Erkenntnis der Verschiedenheit von Galliern und Germanen[2]). Geschieden hatte beide schon Poseidonios. Aber er hatte nicht gesehen, daß die Kimbern zu den Germanen zählten. Er hielt diese und die Kelten für ähnlich und verwandt; er ließ auch beider durch den Rhein geschiedene Wohnsitze einander gleichen[3]). Caesar setzte sich betont davon ab, unterstrich nachdrücklich den Abstand, der die Völker trennte[4]).

Die Aufmerksamkeit, die Caesar den Germanen zuwandte, entsprang nicht nur einer völkerkundlichen Einstellung. In höherem Grade war sie politisch bedingt. Für Caesar ist es ein Grundgesetz, daß die Unverbrauchtheit und damit die kriegerische Kraft der Völker in dem Maße zunimmt, wie sie von den Reichsgrenzen entfernt wohnen. Daher kommt die Überlegenheit der Belger, die der römischen Provinz am fernsten liegen, über die übrigen Gallier[5]). Umgekehrt sind in Britannien die Stämme, die angesichts der gallischen Küste sitzen, die zivilisiertesten: nach Norden und nach dem Innern zu werden die Sitten rauher und einfacher[6]). Unter den Germanen kaufen die Sueben von fremden Händlern nichts[7]), und wehrhafte Stämme umgeben sich mit einem breiten Gürtel verwüsteten Landes, der die Nachbarn fernhält[8]). So haben sich die Germanen ursprüngliche Einfachheit und Kraft erhalten und die einstige Überlegenheit der Gallier gebrochen[9]). Wieder waren es Handel und Nähe der römischen Grenzen, die die Kraft des Volkes untergruben[10]). Nur solche Teile der Gallier, die unter den Germanen wohnen und deren Lebensweise teilen[11]), die von diesen abstammen[12]) oder sich in

[2]) Zum Folgenden: E. Norden, D. german. Urgesch. bei Tac. 92 f.; G. Pasquali, Pagine meno stravaganti 151.

[3]) Strabon 3 p. 196; 7 p. 290; E. Norden, a. O. 81 f.; 94.

[4]) b. G. 6, 21, 1: *Germani multum ab hac consuetudine* (der gallischen) *differunt.*

[5]) b. G. 1, 1, 3.

[6]) b. G. 5, 14, 1 f.

[7]) b. G. 4, 2, 1.

[8]) b. G. 4, 3, 1; 6, 23, 2.

[9]) b. G. 6, 24, 1.

[10]) b. G. 6, 24, 4.

[11]) b. G. 6, 24, 2 f.

[12]) b. G. 2, 4, 1.

dauerndem Kampf mit ihnen stählen[13]), haben ihre Tüchtigkeit bewahrt. Umgekehrt waren die Germanen, die dem Rhein zunächst saßen, Verkehr, Wareneinfuhr, überhaupt dem gallischen Einfluß ausgesetzt und zogen darum in den Kriegen mit den landeinwärts gelegenen Stämmen den kürzeren[14]).

Es drohte die Gefahr, daß die Germanen kraft ihrer überlegenen Kampfstärke gallisches Gebiet besetzten oder es durchbrachen und dann in die römische Provinz oder gar nach Italien vordrangen. So hatten es die Kimbern und Teutonen getan[15]), die zuvor ganz Gallien verwüstet und nur bei den Belgern Widerstand gefunden hatten[16]). Durch Ariovist waren die Häduer besiegt, die Sequaner eines Drittels ihres Gebietes beraubt worden[17]). Es stand zu befürchten, daß Sueben die Rhone überschreiten und dem Vorbild jener beiden Stämme folgen würden[18]). Schnelles Eingreifen war darum nötig[19]).

Die Kunde von dem Sieg über Ariovist war zu den fernsten Germanenstämmen gedrungen[20]). Der Vorstoß über den Rhein, den Caesar 55 unternahm, sollte unterstreichen, daß nicht nur die Germanen, sondern auch die Römer imstande seien, den Fluß zu überschreiten[21]). Er blieb freilich, ebenso wie der zweite Rheinübergang, ohne Folgen. Die Auseinandersetzung mit den Germanen wurde vertagt.

Ähnlich wie am Rhein lagen die Verhältnisse an der Donau. Die Vernichtung eines selbständigen Makedonien hatte zur Folge, daß die römischen Statthalter ständig gezwungen waren, gegen von Norden einbrechende Völker zu kämpfen. Vor allem waren es die keltischen Skordisker im Savetal und die Daker in Siebenbürgen, Verwandte der

13) b. G. 1, 1, 4.
14) b. G. 4, 3, 3 f.
15) b. G. 1, 33, 4.
16) b. G. 2, 4, 2.
17) b. G. 1, 13, 10.
18) b. G. 1, 33, 3 f.
19) b. G. 1, 33, 4.
20) b. G. 4, 16, 7.
21) b. G. 4, 16, 1.

Thraker und Geten[22]). Auf die Dauer erwiesen sich die Daker als der gefährlichere Feind. Sie brachten die römische Ausdehnung zum Stehen. Unter der Statthalterschaft des C. Antonius ging das Land zwischen Donau und Balkan wieder verloren[23]). Vom Jahre 60 ab begann Burebista sein großes dakisches Reich zu errichten. Innerhalb von kaum zehn Jahren unterwarf er das Nordgestade des Pontos mit den Bastarnern bis zum Dniepr, Thrakien bis zur makedonischen Grenze und die Skordisker[24]). Zuletzt vernichtete er das Reich der Boier im nordwestlichen Pannonien und im kleinen Alföld und drang bis zu den Tauriskern vor[25]). Die Katastrophe der Boier erfolgte wenige Jahre vor Burebistas Ermordung (um 40)[26]).

Der Plan eines Krieges mit ihm ging, wie die gallischen Pläne, auf Caesars Konsulat von 59 zurück. Damals hatte sich Caesar durch die *lex Vatinia* auch Illyricum geben lassen, wo er einer Auseinandersetzung mit dem Dakerreich entgegensehen mußte[27]).

In seinen letzten Jahren dachte Caesar erneut an einen Krieg mit Burebista[28]), diesmal zusammen mit dem gegen die Parther. Der letzte galt nach Crassus' Niederlage (oben S. 15; 58) als nationale Ehrenpflicht[29]). In Makedonien und Griechenland wurden elf Legionen und 10 000 Reiter gesammelt[30]). Für die Auseinandersetzung mit den Parthern waren allein drei Jahre vorgesehen[31]). Der Krieg mit Burebista sollte vorher erledigt werden[32]). Aber auch er war ein starker Gegner: angeblich konnte er 200 000 Mann ins Feld stellen[33]).

---

22) A. Alföldi, Z. Gesch. d. Karpathenbeckens im 1. Jahrh. v. Chr. 3.
23) A. Alföldi, a. O. 8.
24) A. Alföldi, a. O. 8 f.; F. E. Adcock, CAH. 9, 714 f.
25) A. Alföldi, a. O. 9 f.
26) A. Alföldi, a. O. 17 f.
27) M. Gelzer, Caesar 2 91; Herm. 63, 137; anders F. E. Adcock, CAH. 9, 716.
28) Die Stellen bei Ed. Meyer, Caesars Monarchie 469 Anm. 1.
29) Dio 43, 51, 1.
30) Appian., b. c. 2, 460.
31) Dio 43, 51, 2.
32) Sueton, Iul. 44.
33) A. Alföldi, a. O. 8.

Hier drängt sich eine Reihe von Fragen auf. An Donau und Euphrat bereitete sich eine Auseinandersetzung vor. Wie stand es mit den Germanen und am Rhein? Denn die Behauptung von ihrer Befriedung[34]) besagte nur, daß sie an weiteren Angriffen verhindert worden waren. Wenn zutraf, wie Caesar es darstellte, daß Ursprünglichkeit und Kraft der Völker in dem Maße zunahmen wie diese von den Reichsgrenzen entfernt saßen, so war man bei weiterer Eroberungspolitik in Gefahr, nicht nur in einen Kampf ohne Ende, sondern auch in einen Kampf hineingezogen zu werden, der nach jedem Sieg größere Schwierigkeiten darbot. Vielleicht standen hinter Parthern und Dakern, hinter den Germanen am Rhein noch weitere, unverbrauchtere, noch schwerer zu bezwingende Völker ... Wenn man die Dinge so ansah, konnte nur eine Radikallösung Hilfe bringen.

Es ist eine Antwort erhalten: sie steht bei Plutarch[35]). Ihr zufolge beabsichtigte Caesar, nach Besiegung der Parther bis nach Hyrkanien vorzudringen. Von dort aus wollte er nach Norden längs des Kaspischen Meeres (das als Bucht des nördlichen oder skythischen Ozeans galt) und des Kaukasus um das Schwarze Meer herum weiterziehen. Es sollte ins Skythenland, in die (östlichen) Nachbargebiete Germaniens und nach Germanien selbst gehen. Durch Gallien wollte er nach Italien heimkehren. Dann wäre der Kreis dieses Imperiums rings vom äußeren Ozean umgeben gewesen.

Verweilen wir einen Augenblick bei dieser Vorstellung! Es handelt sich nicht ohne weiteres um ein Weltreich, denn Indien und das Land der Serer wäre draußen geblieben. Caesar hätte im Osten auf der Landbrücke zwischen beiden Buchten des Ozeans, dem Kaspischen Meer und dem Persischen Golf, haltgemacht. Auch über die Begrenzung Afrikas nach Süden hin ist nichts gesagt. Aber — und das ist das Bedeutsame — der Caesar zugeschriebene Plan gibt

34) b. c. 1, 7, 6.

35) Caes, 58, 6 f.

Antwort auf die aufgeworfenen Fragen. Die Völker Irans bis Hyrkanien, auch die im Rücken der Daker (Skythen) und Germanen (deren östliche Nachbarn) sollten in das geplante Reich einbezogen werden. Bedrohung durch weitere Randvölker wurde dadurch ausgeschaltet, daß, soweit dies möglich war, der äußere Ozean zur Reichsgrenze wurde. In Gallien hatte Caesar nach Ciceros Worten[38]) dies bewirkt: statt bis zu den Alpen war dort alles Land bis zum Ozean befriedet. Jetzt sollte dies allseitig durchgeführt werden.

War dies wirklich Caesars Plan? Die Bewertung der plutarchischen Nachricht ist zwiespältig geblieben. Neben Äußerungen der Anerkennung[39]) stehen solche des Zweifels.

Vor allem M. Gelzer hat sich bei verschiedener Gelegenheit ablehnend zur Plutarchstelle geäußert. In der ersten Auflage seines Caesarbuches (1921) gibt er sie, wie folgt, wieder: „Über den Rückmarsch (vom Partherkrieg) erzählte man sich, er solle vom Kaspischen Meer durch den Kaukasus, längs dem Schwarzen Meer, durch die Balkanhalbinsel nach Italien ganz zu Land gehen[40]).“ Diese Wiedergabe ist in der zweiten Fassung[41]) unverändert belassen worden.

Auffällig ist zunächst, daß ohne Anhalt an Plutarchs Worten, die Angabe als Gerücht behandelt wird. Sodann fehlen in der Wiedergabe Germanen und die ihnen benachbarten Völker. Und doch hatte gerade Caesar die Germanen als eignes und umfassendes Volk entdeckt, sie den Galliern gegenübergestellt. Das entspricht genau dem Nebeneinander von Germanen und Kelten bei Plutarch, und es schließt eine Deutung auf die Balkankelten aus. Wollte man, was ganz ohne Anhalt ist, bei den Germanen an die Bastarnen denken, so müßten vor allem die Daker und dann die Illyrer genannt werden. Endlich ist bei Gelzer

---

38) de prov. cons. 33 f.

39) Ed. Meyer, a. O. 469 Anm. 2; U. Wilcken, Alex. d. Gr. 258; weitere Angaben bei M. Gelzer, V. röm. Staat 1, 148 Anm. 43.

40) S. 228.

41) 1941 S. 326.

die allseitige Begrenzung durch den Ozean unter den Tisch gefallen. Sie macht seine Deutung vollends unmöglich.

Eine weitere Äußerung Gelzers findet sich in seinem Aufsatz über die Anfänge des römischen Weltreiches[42]). Hier spricht er von Caesars Feldzug gegen Daker und Parther[43]): „Plutarch schreibt ihm dabei den Plan der Welteroberung zu. Ob sich diese Ansicht auf authentische Äußerungen Caesars stützen konnte, wissen wir nicht. Ich vermag nicht daran zu glauben, da Plutarch mit diesen Angaben allein steht. Dasselbe prophezeite Vergil[44]) von Augustus, der nicht daran dachte, es zu erfüllen."

Hier ist daran zu erinnern, daß Caesars Plan nicht unbedingt eine Welteroberung vorsah: er nahm an einer solchen bedeutende und, wie sich noch ergeben wird, bezeichnende Abstriche vor. Darüber hinaus wird von Gelzer Unvergleichbares miteinander verglichen. Augustus selbst sprach in seinem Rechenschaftsbericht von den Kriegen, die er im ganzen Erdkreis geführt habe[45]). Über diesem Bericht stand die Angabe, daß Augustus durch seine Taten den Erdkreis der Herrschaft des römischen Volkes unterworfen habe. Vergils Prophezeiung entsprach also der offiziellen Fassung. Sie entsprach auch der üblichen Form des Enkomion[46]). Bei Plutarch dagegen handelt es sich um etwas anderes: um eine eigene Äußerung Caesars.

Auch die Behauptung, daß die Angabe Plutarchs allein stehe, trifft nicht zu.

Zunächst hat das Zeugnis seinen festen Platz in Plutarchs Darstellung. Caesar hatte in Spanien Kallaiker und Lusitanier bekriegt und war dabei zum äußeren Weltmeer gelangt; er hatte Stämme unterworfen, die vorher Rom nicht gehorcht hatten[47]). Dann war er in den Kämpfen mit den Belgern erneut zum Ozean vorgedrungen[48]). Als erster hatte er mit einem Heer auf einer Brücke den Rhein überschrit-

42) Haller-Festschrift, wiederabgedruckt in: V. röm Staat 1, 29 f.
43) a. O. 39.
44) Aen. 6, 795—805.
45) J. Vogt, Orbis Romanus 5; Mon. Anc. 1, 13.
46) E. Norden. Verg. Aen. Buch VI 2 874 f.
47) Caes. 12, 1.
48) Caes. 20, 6.

ten[49]); als erster auch mit einer Flotte das Westmeer durchquert und über den Atlantischen Ozean ein Heer geführt[50]). Er hatte damit die römische Herrschaft über die Oikumene hinaus vorgetragen[51]). Ein Plan, wie ihn Plutarch Caesar zuschreibt, fügte sich durchaus der Art und Richtung von dessen bisherigen Eroberungen ein.

Sodann war Caesars Plan irgendwie eine Wiederaufnahme des Alexandergedankens, den äußeren Ozean zur Grenze eines Weltreiches werden zu lassen. Beziehungen zu dem großen Makedonen sind in der biographischen Überlieferung durchaus vorhanden. Sie begegnen bei Plutarch[52]) und bei Sueton[53]); dazu kommt die Voraussage seiner Weltherrschaft[54]). Auch wenn die Geburt eines unbesiegten Feldherrn verkündet[55]) wurde, so weist das auf Alexander. Denn die Pythia hatte diesen als „Unbesieglichen" begrüßt[56]). Caesar als „Unbesiegter" stand damit ebenso in der Nachfolge des großen Eroberers wie etwa Demetrios[57]) von Indien.

Gleichwohl wäre es verkehrt, von einer hellenistischen Herrschaftsidee bei Caesar zu sprechen. Alexander und der Hellenismus sind keine Größen, die man berechtigt wäre, ohne weiteres gleichzusetzen[58]). Den Gedanken der Weltherrschaft hat der Hellenismus nicht fortgeführt: er hat ihn eher liquidiert. Aber auch von einem Alexandergedanken bei Caesar läßt sich nur in bedingtem Sinn reden. Das, was er anstrebte, war nicht die Wiederholung von Alexanders Plan, sondern die Vollendung dessen, was in vielen Jahrhunderten römischer Geschichte angelegt war oder doch so schien. Es war zum mindesten der Schlußstrich, der ausgehend von Caesars eigenen Gedanken unter die bisherige

49) Caes. 22, 6.
50) Caes. 23, 2.
51) Caes. 23, 3; dazu J. Vogt, a. O. 22.
52) Caes. 11, 5; dazu M. Gelzer, V. röm. Staat 2, 147 f.
53) Iul. 7; weiteres bei G. Costa, Convivium 1935, 590.
54) Suet., Iul. 7; 61.
55) Suet. bei Serv., Aen. 6, 799.
56) Plutarch., Alex. 14, 7; Diod. 17, 93, 4; Anth. Palat. 7, 239; W. W. Tarn, The Greeks in Bactria and India ² 132; dazu Diod. 7, 51, 2 and H. Berve, Gnomon 5, 376 Anm. 2.
57) W. W. Tarn, a. O. 132; vgl. 77.
58) F. Altheim, Epoch. d. röm. Gesch. 2, 75 f.; Weltgesch. Asiens 1, 218 f.

Entwicklung des Imperium Romanum gezogen werden mußte. So fehlt denn auch alles, was Alexanders Streben einzig und unwiederholbar machte. Es fehlen der göttliche Auftrag, die „Sehnsucht", das Weltmeer und damit die Grenzen der Welt zu schauen, die Verbindung von Enthusiasmus und Ratio, von Mythos und Politik ... Caesars Plan war *allein* politisch. Er zog die Folgerungen, die aus einer Betrachtung der Lage, die auch aus der erweiterten Kenntnis der geographischen und ethnographischen Verhältnisse gezogen werden mußte. Weder inneres Muß noch ein Drang in die Ferne, sondern Einsicht in objektive Gegebenheiten führten Caesar dazu, den äußeren Ozean als Grenze zu erstreben. Es bezeichnet ihn, daß er im Osten verzichtete, weil die Landenge zwischen dem Kaspischen Meer und dem Persischen Golf, den beiden tiefeinschneidenden Buchten des äußeren Meeres, genügend Gewähr für eine gesicherte Grenze zu geben schien. Wunderland Indien und der Serer Bereich, die mit der Eröffnung der Seidenstraße erstmalig in den Gesichtskreis der Antike getreten waren[59]), lockten den Römer nicht.

Weiter ist übersehen, daß Pompeius sich mit ähnlichen Plänen getragen hat[60]). Nach Besiegung Mithridates' und der Kaukasusvölker ergriff ihn der Wunsch, durch Syrien und Arabien ans Rote Meer zu ziehen. Als Sieger wünschte er an das Gestade des Ozeans zu gelangen, der allseitig die bewohnte Erde umgibt. Denn Pompeius war auch in Afrika als Erster ans äußere Meer vorgedrungen. In Spanien hatte er die römische Herrschaft bis zum Atlantischen Ozean erweitert, und zuletzt war er bei Verfolgung der Albaner im Kaukasus fast bis an das Hyrkanische Meer gekommen. Mit der Erreichung des Roten Meeres hätte er den Kreis seiner Heerfahrt vollendet.

---

59) Der Handel zwischen China und Parthien begann seit Chang-k'ien und seinen Reisen nach Westen. Im Jahre 106 ging die erste Karawane von Osten nach Westen. Das spiegelt sich in der Münzprägung von Seleukeia am Tigris: R. H. Mc-Dowell, Coins from Seleucia 170 f.; vgl. noch 220; Sir Aurel Stein, Serindia 2, 701 f.

60) Plut., Pomp. 38, 4 f.

Auch das war eine Wiederaufnahme des Alexandergedankens. Sie war begreiflich bei einem Mann, den seine Bewunderer nach Taten und Schicksalen, aber auch nach seinem Äußeren dem Welteroberer verglichen[62]). Sogar die Wendung, mit der sein Wunsch[63]) ausgedrückt wurde, ans Rote Meer zu ziehen, erinnert an die „Sehnsucht", die Alexander nach fremden Ländern und ihren Merkwürdigkeiten ergriff[64]). Freilich: Pompeius sprach nicht von Galliern und Germanen. Hier war es erst Caesar, der den Gesichtskreis erweiterte. Pompeius' Wunsch blieb auch im Streben nach dem Großartigen als solchen stecken, während hinter Caesars Plan ein aufbauender politischer Gedanke stand — ein Gedanke, auf den Caesars frühere Äußerungen und Zwangsläufigkeit hinführten. Beides spricht unbedingt für die Echtheit der plutarchischen Nachricht.

Anläßlich von Pompeius' Triumph im Jahre 61 bemerkt Plutarch weiter, der erste habe Afrika, der zweite Europa und der dritte Asien gegolten. So habe Pompeius gleichsam über die gesamte Oikumene triumphiert[65]). Auch vor die Schlacht bei Pharsalos ist eine ähnliche Bemerkung eingeschoben. Zwei Heere standen sich gegenüber, die besser gegen Parther und Germanen, Skythen und Inder gekämpft hätten[66]). Crassus gedachte, als er in den Orient ging, bis Baktrien und Indien, bis zum äußeren Ozean zu ziehen[67]). Caesar schrieb ihm aus Gallien und bestärkte ihn in seinen Absichten gegen die Parther[68]). Er sandte Crassus' Sohn zum Heer des Vaters mit tausend auserlesenen gallischen Reitern[69]). Man sieht: dergleichen lag damals in der Luft, und Caesar stand dem keineswegs fremd gegenüber.

---

62) Plut., Pomp. 2, 2 f.

63) Plut., Pomp. 38, 4.

64) Zur „Pothos"-‚Frage': A. Ehrenberg, Alex. u. Ägypt. (AO. Beih. 7) 30 f.; Alex. and the Greeks, Kap. 2; U. Wilcken, SBAW. 1928, 580 Anm. 1; H. Strasburger, Alex. u. Ptolem. 12.

65) Pomp. 45, 7.

66) Pomp. 70, 3 f.

67) Plut., Crass. 16, 2.

68) l. c. 16. 3.

69) l. c. 17, 7; vgl. 25, 7 f.; Dio 40, 21, 2.

Nach Varro[70]) war unter Pompeius' Führung ausgemacht worden, daß man von Indien in sieben Tagen an den Fluß von Baktra (Balch) komme. Von ihm gehe es den Oxos abwärts ins Kaspische Meer[71]), von dort den Cyrus aufwärts. So gelangten in weiteren fünf Tagen indische Waren an den Phasis und ans Schwarze Meer. Wenn das zutraf, war Indien allerdings sehr nahegerückt. Es ist bezeichnend, daß Caesar sich darauf nicht einließ. Indien war aus seinen Berechnungen ausgeschieden. Und dasselbe galt, wie schon gesagt, von den Serern, obwohl der Seidenhandel über das Tarimbecken mit dem Reich der Han damals in vollem Gange war (oben S. 85). Genug, Caesar hatte andere Nachrichten, und woher sie stammten, ist noch deutlich[72]).

Das Weltbild mit dem allseitig umgebenden Ozean und dem Kaspischen Meer als Bucht des Nordozeans — Alexander blieb sich darüber bis zuletzt im Zweifel[73]) — stand seit Eratosthenes fest. Es wurde von Poseidonios übernommen. Caesar zitiert den einen[74]) und kannte den anderen[75]). Nach Plutarch sollte der letzte große Zug längs des Kaspischen Meeres und des Kaukasus um den Pontos herum (zu dem hier die Maiotis gerechnet war) gehen. Zwischen Pontos (Maiotis) und dem Ozean wurde demnach nur eine kurze Strecke angesetzt, eine schmale, völkisch nicht näher bezeichnete Landenge, bevor man im Westen in das Land der Skythen, Germanen und deren Nachbarn kam. Genau dies war Poseidonios' Lehre. Ihr zufolge betrug die Breite des Isthmos zwischen Schwarzem und Kaspischem Meer 1500 Stadien, ebensoviel wie die des Isthmos zwischen

70) Plin., n. h. 6, 52.

71) Zur Frage der alten Oxosmündung ins Kaspische Meer zuletzt W. W. Tarn, a. O. 448 f. Die Frage ist durch das russische Amu Darja-Projekt und den Kanal Kalifer Usba aktuell geworden. Daß die angebliche Oxosmündung in das Kaspische Meer zum mindesten in arabischer Zeit nicht bestand, hat W. Barthold gezeigt: Turkestan down to the Mongol Invasion 150 Anm. 4; 154. Zuletzt S. P. Tolstow, Auf den Spuren der altchoresmischen Kultur (Übers. 1953) 318 f.

72) P. Schnabel verdanke ich einen entscheidenden Hinweis.

73) Arrian. 7, 19, 6.

74) b. G. 6, 24, 2.

75) E. Norden, a. O. 79 f.; G. Pasquali, a. O. 135 f.; besonders 150 f.

Pelusion und dem Roten Meer. Ungefähr dasselbe machte für ihn der Isthmos zwischen der Maiotis und dem nördlichen Ozean aus[77]).

Sueton[78]) rühmt an Caesar, daß er nie sein Heer durch gefährliches Gelände geführt habe, ohne sich vorher über die Topographie vergewissert zu haben; daß er nach Britanien erst hinübergegangen sei, als er die Häfen, die Überfahrt und die Landungsmöglichkeiten hatte erforschen lassen. Ähnlich scheint er bei seinen letzten Plänen verfahren zu sein. Als allgemeine Grundlage benutzte er das Weltbild Poseidonios'. Dieser wußte von dem Inneren und dem Norden Rußlands nichts. So kam Caesar darauf, auch hier eine Grenze in dem vermeintlich so naheliegenden Ozean zu erstreben. Nur die Germanen als umfassende, bis zu den Skythen reichende Völkerschaft hat er, wie gesagt, selbst dem Bild hinzugefügt[79]).

Auch das spricht für die Echtheit. Zuletzt darf auf die Wiederaufnahme des caesarischen Planes durch Augustus verwiesen werden[80]). Denn dieser hat Germanien nicht nur vom Rhein, sondern auch vom Südosten aus angreifen lassen, dem vergleichbar, daß Caesar den Stoß vom Skythenland zu führen gedachte. Im Jahre 6 n. Chr. bereitete Tiberius in Carnuntum diesen Angriff vor, während C. Sentius Saturninus vom Rhein her vorgehen sollte. Der Plan wurde durch den pannonischen Aufstand zunichte gemacht. Aber auch im Großen hat Augustus auf Caesars Gedanken zurückgegriffen. Denn was ist Augustus' *mari Oceano aut amnibus longinquis saeptum imperium*[81]) anderes als eine Nachahmung und Fortbildung dessen, was der Vorgänger erstrebt hatte? Minucius Felix konnte zwei Jahrhunderte später, als Britannien dem Reich hinzugefügt war, behaupten, Rom habe seinen Herrschaftsbereich über der Sonne Bahnen und die Grenzen selbst des Ozeans hinaus ausgedehnt[82]).

77) Strabon 11 p. 492.
78) Iul. 58.
79) E. Norden, a. O. 79 f.
80) E.Norden, a. O. 95 Anm. 1.
81) Tac., ann. 1, 9.
82) 6, 2.

3.

Noch einmal: die Krise war, nach ihren Ursprüngen betrachtet, außenpolitischen und militärischen Gegebenheiten entsprungen. Caesars letzte Pläne, wie sie Plutarch überliefert, geben eine Lösung, die zunächst die außenpolitischen Gegebenheiten berücksichtigte. Aber auch eine militärische Lösung war notwendig.

Nach Plutarch[83]) ergab im Jahre 46 der Census der waffenfähigen Bürgerschaft statt 320 000 Köpfen nur 150 000. So groß seien die Verluste in den Bürgerkriegen gewesen. Die Angabe wurde bisher nicht berücksichtigt[84]). In der Tat unterliegt sie schweren Zweifeln, da der letzte Census im Jahre 69 nicht 320 000, sondern 900 000 Köpfe betragen hatte[85]). Aber auch Livius[86]) gibt die Ziffer 150 000 und Appian[87]) sagt, die Zahl sei auf die Hälfte herabgegangen; dies könnte man mit Plutarchs Angabe vereinigen. Bei vorsichtigster Zurückhaltung wird man eine erhebliche Verringerung der Bürgerschaft anerkennen dürfen. So war Caesar schon aus militärischen Gründen zu neuen Bürgerrechtserteilungen gezwungen. Dio[88]) betont ausdrücklich, daß er um des Sinkens der Bürgerliste willen den Kinderreichtum förderte.

83) Caes. 55, 5.

84) Ed. Meyer, Caesars Monarchie 411 Anm. 2 und ihm folgend F. E. Adcock, CAH. 9, 699 beziehen die Zahlen auf die hauptstädtischen Versorgungsempfänger. Weder Plutarch noch Appian oder Livius geben dafür einen Anhalt. Das Nebeneinander von Dio 43, 21, 4 und 25, 2 kann dafür ebensowenig angeführt werden. Dort spricht Dio von der Masse der Getreideempfänger, von ihrer unrechtmäßigen Vermehrung; hier von der Verminderung durch die Gefallenen, von den Abgängen, in die Caesar Einsicht nahm, womit zu verbinden ist, daß Caesar 44 lebenslänglicher Zensor wurde (44, 5, 3). Es ist ausgeschlossen, daß es sich um denselben Vorgang handelt. Auch für die Annahme, daß mit der Förderung des Kinderreichtums fälschlich die augusteische Gesetzgebung vorweggenommen werde (F. E. Adcock, CAH. 9, 693; J. S. Reid, JRSt. 1915, 215), besteht kein Anlaß. Schon in der Gesetzgebung seines ersten Konsulates 59 behandelte Caesar die Väter von drei und mehr Kindern bevorzugt: F. E. Adcock, CAH. 9, 697; M. Cary, CAH. 9, 567; vgl. Dio 38, 7, 3; Appian., b. c. 2, 35; Sueton, Iul. 20.

85) Liv., ep. 98.

86) ep. 115.

87) b. c. 2, 425.

88) 43, 25, 2.

Es kam hinzu, daß die hauptstädtische Plebs den kriegerischen Anforderungen nicht mehr genügte. Man griff in größerem Ausmaß auf die Provinzen zurück. Im Bundesgenossenkrieg hatten spanische Reiter das Bürgerrecht erhalten (oben S. 72); im Bürgerkrieg kämpften in den spanischen Legionen zahlreiche gebürtige Spanier[89]). Cicero[90]) beruft sich Catilina gegenüber auf die *Gallicanae legiones*, auf die Aushebung, die man im Gebiet der oberitalienischen Gallier machen werde. Caesar hatte aus der kräftigen transpadanischen Bevölkerung seine Legionen zusammengestellt[91]), aus ihrer städtischen Aristokratie seine Offiziere genommen[92]). Er hatte darum, wo er nicht eigne Bürgergemeinden wie Forum Julium gründete, die dortigen Stadtgemeinden stillschweigend als Bürger behandelt[93]). Im März und November 49 wurde den Transpadanern das Bürgerrecht gesetzlich bestätigt[94]). Cicero nennt das cisalpinische Gallien die „Blüte Italiens", die „feste Grundlage der Herrschaft des römischen Volkes[95])", wobei man sich daran erinnern muß, daß er an späterer Stelle insbesondere die Rekruten, die neuausgehobenen Legionen als „Blüte Italiens" bezeichnet[96]). Er spricht auch von der „Provinz der kräftigsten und tapfersten Männer[97])".

Im gleichen Jahr, da die Transpadaner ihr Bürgerrecht erhielten — der Praetor L. Roscius Fabatus hatte bereits das Gesetz promulgiert[98]) — richtete Sallust sein erstes Sendschreiben an Caesar. Er mahnte, die infolge Knechtschaft heruntergekommene Plebs durch frisches Blut[99]) zu

---

89) M. Gelzer, Caesar ² 299; CIL. I 2 ², 709 und E. Lommatzsch z. St.; über Decidius Saxa: R. Syme, JRSt. 1937, 127 f.

90) Cat. 2, 5.

91) R. Syme, The Roman Revolution 75; vgl. 456 f.

92) R. Syme, a. O. 74; über die Transalpiner (Pompeius Trogus und Cornelius Gallus) R. Syme, Class. Quart. 1938, 39 f.

93) M. Gelzer, a. O. 98; H. Rudolph, Stadt u. Staat i. röm. Ital. 96 f.

94) Dio 41, 46, 3; CIL. I 2 ² pp. 481; 497.

95) Phil. 3, 13.

96) Phil. 11, 39; vgl. Cat. 2, 24.

97) Phil. 5, 24.

98) Ed. Meyer, a. O. 349.

99) 2, 5, 7: *additis novis civibus*.

erneuern[100]). Von diesen Neubürgern heißt es ausdrücklich, sie sollten zusammen mit solchen, die das Bürgerrecht schon besaßen, in den Kolonien angesiedelt werden. So sei für militärische Zwecke das Menschenmaterial reichlicher vorhanden, und die Plebs werde durch die ihr zugewiesene Aufgabe daran gehindert, weiter ein öffentliches Übel darzustellen[101]).

Bestätigung erbringt die caesarische Gesetzgebung aus den letzten Jahren. Die „auf Geheiß des Diktators" gegebene *lex* für die Kolonie Genetiva (Urso in Spanien, frühestens 45)[102]) sah vor, daß die Bürger der Wehrpflicht unterstanden und nur in besonderen Fällen befreit werden durften. Auch war die Stadt befestigt, und die Bürger sowohl wie die Beisassen[103]) konnten von den Behörden zum Schutz des eigenen Gebietes aufgeboten werden[104]). Aus den caesarischen Kolonien in Italien rekrutierten sich die Heere, die im Jahre 44 Antonius und besonders Octavian aufstellten.

Neben der militärischen Bedeutung muß aber der stark persönliche Zuschnitt unterstrichen werden, der allen Maßnahmen und Gründungen Caesars eigen ist.

Schon der Antrag des P. Servilius Rullus vom Jahre 63 sah für Crassus und Caesar eine einzigartige Machtstellung vor[105]). Die Mitglieder des beantragten Zehnmännerausschusses bezeichnet Cicero wiederholt als *reges*. Er wendet sich gegen solche, die ganz Italien mit ihren Anhängern[106]) besetzen wollen; er wehrt sich dagegen, daß jene die *respublica* mit ihren Maßnahmen gleichsam einkreisen[107]).

---

100) Vgl. 2, 7, 2: *ubi eos in civitatem adduxeris, quoniam quidem plebs erit.*

101) 2, 5, 7: *hos ego censeo permixtos cum veteribus novos in coloniis constituas: ita et res militaris opulentior erit et plebs bonis negotiis impedita malum publicum facere desinet.*

102) H. Rudolph, a. O. 193 Anm. 1.

103) *incolae.*

104) CIL. I 2 2, 594; 3, 23 f.; 9, 23 f.; Th. Mommsen, Ges. Schrift 1, 214 f.; 249 f.; M. Gelzer, a. O. 300 f.

105) Zur Ausdehnung ihres Machtbereiches: G. I. Luzzati, Epigr. giurid. Greca e Romana 209 f .

106) l. agr. 1, 17 *milites.*

107) l. agr. 2, 99; zur Bedeutung M. Gelzer, Herm. 63, 116.

Bei den Siedlungsgesetzen des ersten Konsulates war deutlich, daß sie eine riesige Vergrößerung von Caesars Klientel mit sich brachten[108]). Alle Kolonisten und alle, die ihm ihr Bürgerrecht verdankten, waren ihm zu politischer Gefolgschaft verpflichtet[109]). Plutarch fällt darum über die Ansiedlungen und Ackerverteilungen das Urteil, Caesar habe sein Konsulat wie ein Volkstribun geführt[110]). Bei der Latinerkolonie Comum Novum verlangte ein Gegner, man solle ihr das Bürgerrecht nehmen, das ihr *per ambitionem* gegeben worden sei[111]). Cicero hatte schon früher bemerkt, das oberitalienische Gallien besitze bei den Abstimmungen eine große Bedeutung[112]). Die Stimmen von Caesars cisalpinischen Legionären und mehr noch ihre Fäuste entschieden die Wiederwahl des Pompeius und Crassus für das Jahr 55[113]). Caesar konnte auf die Bürger der cisalpinischen Munizipien und Kolonien unbedingt rechnen, konnte ihnen seine Kandidaten ans Herz legen[114]). Mit unbeschreiblichem Jubel empfing man ihn, als er für die Konsulatswahlen sich selbst in Empfehlung brachte[115]). Aber auch andere Provinzen wußte sich Caesar durch Geschenke und Gefälligkeiten zu verpflichten[116]).

Wieder gibt Sallust die Ergänzung. Er warnt, die Nobilität werde in den Bürgerrechtserteilungen nur das Bestreben sehen, aus einem Freistaat eine Alleinherrschaft *(regnum)* zu machen; denn durch die Gabe eines Einzigen käme eine unabsehbare Menge in den Genuß der Civität[117]). Aber auch, wer nicht aus politischem Gegensatz heraus urteilte, mußte zugeben, daß mit der Durchführung von Caesars Maßnahmen die große Masse der Plebs und der Soldaten[118])

108) Dio 38, 2, 3; 7, 4.
109) M. Gelzer, Caesar² 85; zum Gemeindepatronat überhaupt: D. Nobilität d. röm. Republ. 70 f.
110) Pomp. 47, 5; vgl. Caes. 14, 2.
111) Suet., Iul. 28 Ende.
112) Att. 1, 1, 2.
113) Plut., Crass. 14, 7; 15, 6 f.
114) b. G. 8, 50, 1 f.; 52, 2; dazu R. Syme, JRSt. 1938, 121 f.; The Roman Revolution 74.
115) b. G. 8, 51, 1.
116) Suet., Iul. 28.
117) 2, 6, 1. Weiteres noch bei H. Strasburger, Histor. Ztschr. 175, 248 f.
118) Vgl. Plut., Caes. 57, 8.

in die Klientel des Einen sich begab. Cicero stellte nach Caesars Tode fest, dieser habe mehr vermocht als die ganze *respublica*[119]). Das Gesetz für die Kolonie Genetiva[120]) verbot ausdrücklich, daß ein Senator oder der Sohn eines solchen Patron der Gemeinde werden dürfe, es sei denn, er bliebe amtslos und besitze die Zustimmung von drei Vierteln der Decurionen. Antonius tat noch einen Schritt über Caesar hinaus und ließ sich als *patronus* der 35 Tribus, also des ganzen römischen Volkes, bezeichnen[121]).

Durch Caesars Agrar- und Munizipalgesetzgebung gehe ein einheitlicher Zug, hat man gesagt[122]). Die Stadt Rom sei nacheinander ihres Grundbesitzes, ihres eigenen Territoriums und der eigenen Rechtsprechung in den Munizipien beraubt worden. Die neue städtische Verfassung (Duoviratsverfassung der *lex Iulia municipalis*)[123]) habe die Hauptstadt ihrer alleinigen Gewalt enthoben und diese in wichtigen Teilen den italischen Gemeinden gegeben. Es kann hier nicht untersucht werden, wieweit an diesen Aufstellungen Abstriche vorgenommen werden müssen[124]). Auch diese Versuche einer Dezentralisation hat man als Bestätigung für Caesars angeblichen Reichsstaat gefaßt. Daß es für einen solchen kein stichhaltiges Zeugnis gibt, wurde gezeigt. In der Tat ließe sich mit gleichem Recht behaupten, die Loslösung der Gemeinden von Rom sei darum erfolgt, um sie dafür ihrem Gründer und Neugründer Caesar um so stärker zu verpflichten. Daß die Zeugnisse in diese Richtung verweisen, ist unverkennbar, und eine ähnliche Deutung ließe sich auch für mehrfach bekundete Zulassung der Freigelassenen[125]) zum Dekurionat geben.

---

119) Phil. 5, 17.
120) cap. 130.
121) Cic., Phil. 6, 12; 7, 16.
122) H. Rudolph, a. O. 219; 228 f.; 241 f.
123) H. Rudolph, a. O. 119; 152 f.

124) Ich fürchte, sie müssen erheblich weiter gehen als schon H. Strasburger (Gnomon 1937, 177 f.) und H. Stuart Jones (JRSt. 1936, 268 f.) gegangen sind. Rudolphs Methode habe ich in einem Einzelfall (Behandlung der latinischen Diktatur) gekennzeichnet: Röm. Gesch. 2, 405 f. Ebenso urteilt L. Ross Taylor in: Studies in Roman Econom. and Social Hist. A. C. Johnson 68 f. anläßlich der *lex Mamilia Roscia Peducaea Alliena Fabia* von 55.

125) F. E. Adcock, CAH. 9. 709.

Daß Caesar mit eignem Anspruch neben die alte *respublica* trat, beweist das Gesetz der Kolonie Genetiva. Neben Spielen für die göttliche Dreiheit von Iupiter, Iuno und Minerva, die alten Staatsgötter, begegnen solche für Venus[126]. Das ist eindeutig, denn Venus war die Stammmutter des iulischen Geschlechtes und damit Caesars, war überhaupt die caesarische Gottheit[127]. Der Name der Kolonie klingt überdies, zweifellos beabsichtigt, an den der Venus Genetrix, die auf dem Forum Caesars ihren Kult erhalten hatte, an[128]. Wie dieser Staatskult der Göttin mit dem für einen solchen unerhörten gentilizischen Mythos[129] (und dem nicht minder unerhörten Bild der Kleopatra zur Seite) neben die kapitolinische Dreiheit trat, so tat er es auch innerhalb der Kolonie Genetiva. Mit dem Venuskult beanspruchte der große Einzelne eine eigne Stellung innerhalb dessen und neben dem, was bisher allein gültig gewesen war.

Zum Unterschied von dem, was zuvor behandelt wurde, bedeutete dies wirklich ein Programm. Mit der Stellung, die er selbst sich zuwies, rührt man an den innersten Bereich von Caesars Denken.

4.

Caesars Religion hat nicht die Beachtung gefunden, die sie verdient[130]. Seine Stellung zur Staatsreligion, soweit sie durch politische Rücksichten bedingt war, darf hier außer acht bleiben. Zu Persönlichem, zu Eigenstem dringt man vor, sobald man sich Caesars Verhältnis zur Fortuna oder Tyche zuwendet.

Vergleichsweise häufig fallen Äußerungen über die Fortuna in den Kommentarien. Kennzeichnend für sie ist die

---

126) 12, 7; 11; 20; 24; 11, 9; Th. Mommsen, a. O. 253.

127) Bezeichnend Plut., Pomp. 68, 2 f.

128) M. Gelzer. Caesar ² 300

129) C. Koch in: D. neue Bild d. Antike 2, 150.

130) Zuletzt Ed. Meyer, a. O. 338 f.; G. Costa, Convivium 1935, 579 f.; E. Giovannetti, La religione di Cesare (1937); M. Gelzer, a. O. ² 329 f.; Polemik scheint mir unnötig. Das Beste bei F. E. Adcock, CAH. 9, im Kapitel über Caesars Diktatur, und in dem genannten Aufsatz von C. Koch.

Freude an plötzlichem Wechsel[131]). Im spanischen Feldzug 49 geschah innerhalb weniger Tage eine große Änderung der Lage[132]): Fortuna wandte sich gegen Caesar. Aber erneut wechselte sie, und wieder erfolgte ein Umschlag[133]). Diesmal war sie Caesar günstig: er zögerte nicht, sich das zunutze zu machen. Nicht auf lange Sicht angestellte Berechnungen, sondern das rasche Erfassen des Augenblicks, die unfehlbare und letzte Ausbeutung seiner Möglichkeiten bezeichneten Caesars Art[134]).

Ähnlich vor Dyrrhachium. Dabei fällt das Wort, Fortuna vermöge mehr noch als sonst im Kriege[135]): aus geringen Anlässen bereite sie große Umwälzungen vor[136]). Damit wird der Rückschlag, den Caesar erlitt, erklärt. Fortuna, so sagt er den Soldaten, habe ihnen den bereits gewonnenen Sieg entrissen[137]). Aber wenn die Würfel nicht günstig fielen, müsse man der Fortuna durch eigne Bemühung *(industria)* nachhelfen[138]).

Dieser Ausspruch läßt aufmerken. Aber er steht vorerst vereinzelt. Caesar hält sich persönlich durchaus zurück, spricht beispielsweise nicht von seiner eignen Fortuna[139]). Im Gegenteil: Fortuna hat ihm nicht nur geholfen, sondern auch geschadet. In einem Brief an Pompeius heißt es: was Fortuna vermöge, dafür seien beide, er und Caesar, durch die erlittenen Rückschläge Zeuge[140]). Allenfalls kann man die Fortuna, wenn sie günstig ist, benutzen[141]) oder nicht aus den Händen lassen[142]); man kann ihre Billigung erhalten[143]).

---

131) b. c. 3, 27, 1; b. G. 3, 6, 2; 7, 63, 8. Zu den im folgenden behandelten Fragen H. Erkell, Augustus, Felicitas, Fortuna 79 f.; 160 f. Seine Darlegungen haben mich nicht überzeugt.

132) b. c. 1, 52, 3.

133) b. c. 1, 60, 4.

134) F. E. Adcock, CAH. 9, 694; 705.

135) Vgl. b. G. 6, 30, 2; 35, 2; 42, 1.

136) b. c. 3, 68, 1; 70, 2; 72, 4; ähnlich 1, 21, 2.

137) b. c. 3, 73, 5.

138) b. c. 3, 73, 4.

139) Allenfalls b. G. 4, 26, 5.

140) b. c. 3, 10, 6.

141) b. c. 3, 26, 4; 95, 1.

142) b. G. 6, 37, 10.

143) b. G. 5, 58, 6.

Und doch war *fortuna Caesaris* eine feste Vorstellung[144]). Die Römer, sagt Plutarch[145]), hatten sich Caesars Tyche gebeugt. Cicero bedient sich des Begriffes in den Reden für Q. Ligarius[146]) und Deiotarus so, daß man den Eindruck gewinnt, es geschehe mit Caesars Billigung. Die Ankläger des Deiotarus behaupten, Caesars Fortuna habe diesen, wie oft, so auch vor dem angeblichen Mordanschlag[147]) gerettet. Noch merkwürdiger ist, was Cicero in der den gleichen Jahren entstammenden Rede für M. Marcellus ausführt. Wiederholt wird von Caesars Fortuna gesprochen[148]), während der Bürgerkrieg als ein *fatum* bezeichnet ist[149]). Aber Caesar vermag, obwohl Günstling der Fortuna, sich über diese zu erheben. Bei seinen Siegen darf sie den größten Teil für sich beanspruchen. Aber bei der Begnadigung des Marcellus räumt Fortuna, obgleich sonst Herrin der menschlichen Dinge[150]), den Platz: diesen Ruhm darf Caesar sich allein zuschreiben. Denn wahrer Ruhm und Seelengröße sind Geschenke nicht der Fortuna, sondern der Virtus[151]).

Aus Caesars eignem Munde besitzt man das Wort, das er dem vor dem Sturm zagenden Steuermann zurief: „Du trägst Caesar und Caesars Glück, das mit dir fährt!"[152]). Hier sprach er selbst von seiner Tyche. Das Bewußtsein der eignen Einzigartigkeit findet darin Ausdruck[153]). Aber gerade hier zeigt Fortuna ihre Laune. Der Sturm legt sich nicht und Caesar muß nachgeben. Noch ein zweiter Ausspruch ist überliefert; er wird von einem Gegner als Zeichen für Caesars *arrogantia* angeführt. Als diesem kurz vor seinem Ende ein Eingeweideschauer Unglück voraussagte, habe er geantwortet, die Zukunft werde gut sein, da er es

144) Vgl. Suet., Iul. 36; Vell. Pat. 2, 55, 1; 3; u.a.m.
145) Caes. 57, 1.
146) 15.
147) 19; 21.
148) 10; 19.
149) 13; 31.
150) 6 f.
151) 19. Zur Beurteilung der Rede H. Strasburger, a. O. 255.
152) Plut., Caes. 38, 1 f. (vgl. Appian., b. c. 2, 234 f.; 236).
153) U. v. Wilamowitz, D. Glaube d. Hell. 2, 307.

wolle[155]). Dachte Caesar daran, die Zukunft und das Geschick zu bestimmen?

Man stelle sich vor: der klarste und umfassendste Verstand, den die Geschichte vielleicht gesehen hat, fühlt sich selbst der Fortuna verbunden. Diese Vereinigung des Gegensätzlichsten gibt Caesar sein Gepräge und seine Einzigartigkeit. Glück und die Fähigkeit, es zu erkennen und es zu nutzen, waren nach Caesars eigner Ansicht das Geheimnis seines Erfolgs. Plutarch[156]) spricht von dem „großen Daimon, der ihm zu Lebzeiten zu eigen war und ihm nach dem Tod treu blieb als Rächer seines Mordes".

Schon Sulla war ein Verehrer der Fortuna — der von Praeneste — gewesen. Aber daneben hielt er es mit der *felicitas*, dem dauernden, verläßlichen . . . Glück. Wenn sein Beiname Felix mit Epaphroditos übersetzt wurde, so zeigt dies: Sulla fühlte sich im ständigen Schutz der Venus. Bei ihm wie bei Caesar offenbart sich das persönliche Verhältnis des Einzelnen zur Gottheit[157]). Cicero betont wiederholt Caesars Einzigartigkeit[158]) und preist seine „fast göttliche Weisheit", seine göttliche Virtus[159]). Er nennt ihn „ähnlich einem Gott" und spricht von seiner „Ewigkeit"[160]). Wie Sulla, stand auch Caesar in besonderem Verhältnis zu Venus, der Ahnherrin seines Geschlechtes. Aber einen Schritt weiter bedeutete es, anstatt sich einer beständigen *felicitas* anzuvertrauen, es mit jener Gottheit zu wagen, deren Wesen in der plötzlichen Veränderlichkeit lag. Von Caesar ist ein wegwerfendes Wort über Pompeius' *felicitas* erhalten[161]). Wieviel offener sah jener der Wirklichkeit ins Auge und um wieviel gewisser war er seiner selbst als irgendeiner, der ihm voraufging! Sulla muß seiner eigenen *venustas* die Fähigkeit zugeschrieben haben, das günstige Geschick sich dauernd zu verbinden. Doch weit mehr hat

155) Suet., Iul. 77.
156) Caes. 69, 2.
157) F. E. Adcock, CAH. 9, 701.
158) Marc. 11; 12; 22 f.
159) 1; 26.
160) 8; 28.
161) Suet., Iul. 35.

der sich als das Einmalige und Außerordentliche schlechthin gefühlt, der zwar als Venusenkel, aber ohne den Anspruch, selbst ein Epaphroditos zu sein, es mit Fortuna aufnahm.

Fortuna Caesaris trat damit der *fortuna rei publicae*[162]) zur Seite. Caesar rückte auch hier mit eigenem Anspruch neben die Welt, in der ein Römer bisher gelebt hatte. Als Erster stand er nicht mehr im republikanischen Staat, hob er dessen Gesamtanspruch auf[163]). Wiederum setzte er sich von Sulla ab. Ein Nichts sei die *respublica,* bloßer Name ohne Körper und Gestalt. Sulla habe sein Handwerk nicht verstanden, da er die Diktatur niedergelegt habe[164]). Sullas geistige Heimat, hat man gesagt, bildete die individualistische Lebensgestaltung des Hellenismus und die Ruhe des privaten Bürgertums, mit dem er die öffentliche Wirksamkeit am Ende des Lebens vertauschte. Mag sein, daß diese Auffasung ihn allzu verständlich, allzu plan nimmt . . . sicher ist: Caesar mußte die politische Bühne bis zum letzten Atemzug beherrschen. Seine Worte waren, wie er selbst sagte, Gesetz[165]). Man versteht, daß Cicero demgegenüber an die Gebrechlichkeit alles Menschlichen erinnerte[166]). Die unsterbliche *respublica,* stellte er fest, hänge am Leben eines Sterblichen.

Öffentliche Ehren, die Caesar zuteil wurden, veranschaulichen diesen Befund[167]). Er erhielt und übernahm eine Anzahl von Vorrechten, die an die des einstigen Königs gemahnten. Aber das Diadem lehnte er ab und begnügte sich mit Konsulat und Diktatur. Mehr noch: er ließ diese Ablehnung in die Fasten eintragen[168]), machte sie dadurch endgültig[169]). Jede kultische Ehrung, die ihn als

---

162) Cic., Cat. 1, 15; Phil. 5, 29; 39.

163) C. Koch, in: D. neue Bild d. Antike 1, 146; vgl. L. Wickert, NJb. 1941, 20.

164) Suet., Iul. 77.

165) Suet., Iul. 77.

166) Marc. 22.

167) C. Koch, a. O. 147 f.

168) Cic., Phil. 2, 87.

169) C. Koch, a. O. 147; zur Kritik d. Überlieferung F. E. Adcock, CAH. 9, 718 f.

Größe jenseits des menschlichen Maßes erscheinen ließ, nahm er an. Auch göttliche Verehrung der eigenen Person wurde nicht abgelehnt[170]). Das Entscheidende, so hat man betont[171]), bilde die Persönlichkeit Caesars, ihr besonderes Selbstbewußtsein und jene *dignitas,* auf die er Anspruch erhob[172]). „Alle Ehrungen und Auszeichnungen galten seiner Person. Sie gleichen Interpretationsversuchen an dem Problem, das seine Existenz aufgibt. Solange sie allein die Tatsache zum Ausdruck brachten, daß Caesar menschlich und autoritativ den gesamten römischen Adel überragt, nimmt er sie als selbstverständliche Anerkennung hin und bekundet durch sein Verhalten bei der Übergabe, daß er nicht etwa durch diese Ehrenbezeugungen emporgehoben werde, sondern daß er in ihnen nur das erhalte, was seinem angeborenen Wesen naturgemäß entspricht"[172a]).

Überall ist der Bereich des Außerordentlichen und des Mehr-als-Menschlichen[173]) erstrebt, im Verhältnis zu Fortuna wie gegenüber der Staatsreligion. Der Zuschnitt von Reich und Staat auf den großen Einzelnen findet auf religiösem Gebiet seine Entsprechung. Als dann Caesars Adoptivsohn und Erbe die ihm zukommende Machtstellung erreicht hat, stand man vor ähnlichen Fragen. Scheinbar ist der volle Anschluß da. Wieder zeichnet sich jener Bereich ab, der über bloßes Menschentum hinausführt, und diesmal begegnet auch der Name, der die entscheidende Vorstellung zum Ausdruck bringt: Augustus. Cassius Dio[174]) erläutert, er bezeichne, was über Menschliches hinausgehe. Und doch war der Unterschied da.

170) Auf einer Inschrift aus Demetrias erscheint Caesar als θεός; dazu A. E. Raubitschek, JRSt. 44, 65 f. Über die Aufstellung einer Caesarstatue mit der Inschrift *deo invicto* vgl. C. Koch, Ztschr. f. Religions- und Geistesgesch. 1953, 17. Ein Tempel des Apollon Caesar auf Zypern: London News Illustr. 1952, 588 f.; dazu P. Lambrechts, La Nouv. Clio 1953, 68 Anm. 2.

171) C. Koch, a. O. 148 f.

172) Zu den von C. Koch angeführten Stellen vgl. noch Cic., prov. cons. 27; 28; 47; Sallust, ad Caes. 2, 2, 4; 4, 3 und H. Drexler, Dignitas (Gött. Univers.-Reden 19).

172a) Die Aufstellungen A. Alföldi's, Studien über Caesars Monarchie (Lund 1953) halte ich in fast allen Einzelheiten für unrichtig.

173) Appian, b. c. 4, 40.

174) 53, 16, 8.

Nicht nur darauf wäre hinzuweisen, daß Augustus ein zweiter Romulus, ein Neugründer Roms hat sein wollen. Augustus sprach nie von seiner Fortuna. Sein Herr war Apollon, Gott des Maßes, der die Menschen zur Bescheidenheit mahnt. Niemand hätte von Augustus' *arrogantia* reden können. Gewiß beanspruchte auch er eine Sonderstellung. Aber er besaß sie nicht kraft angeborenen Wesens, sondern durch die dankbare Anerkennung seiner Mitbürger[175].) Nie hätte er, wie Caesar, das selbstherrliche Wort hinwerfen können, die Menschen nähmen, was er sage, für Gesetz. Allenthalben knüpfte er an das Gegebene an, um es aufzunehmen und weiterzuführen. „Durch neue Gesetze, die auf meinen Antrag hin eingebracht wurden, habe ich viele Vorbilder der Vorfahren, die unserem Geschlechte bereits entschwunden waren, wieder ins Gedächtnis gerufen und habe selbst für vieles Vorbilder den Späteren zur Nachahmung übergeben", bekannte er in seinem Rechenschaftsbericht[176]). Caesar rühmte sich seiner *potentia* und *gloria*[177]), seiner tatsächlichen Macht und seines Ruhmes: Augustus sprach stets nur von seiner *potestas*, seiner rechtmäßigen Amtsgewalt (unten S. 119 f.). Mit Notwendigkeit mußte sich unter ihm ein anderes Bild von Staat und Reich ergeben.

Die Grundzüge seien schon hier angedeutet. Herrschaft des großen Einen war, was unausweichlich blieb, was kommen mußte. Daran hingen Zukunft und Neuaufbau der *respublica*. Aber dazu mußte sich dieser Eine alles nur persönlichen Strebens entschlagen: als allgemein verbindliches Gesetz mußte er vor die Welt treten. Hatte in Caesar diese Forderung sich erfüllt? Noch blieb er mehr der Außerordentliche als der fruchtbar und beglückend Wirkende, mehr der Übermächtige als der innerlich Verpflichtende. Er stand nicht in, sondern neben der *respublica*. Die Eingliederung des herrscherlichen Einzelnen in sie — dies und nichts anderes bedeutete Augustus.

---

175) Was bei Caesar undenkbar gewesen wäre: F. E. Adcock, CAH. 9, 728.

176) 8; ähnlich Suet., Iul. 34 Anfang.

177) Suet., Iul. 86.

5. Consensus universorum

1.

Erhaltene Bruchstücke der Selbstbiographie des Augustus[1]) sind ein karger Rest des einst dreizehn Bücher[2]) umfassenden Werkes. Bei dreien dieser Bruchstücke hat sich eine teilweise wörtliche Übereinstimmung mit der Darstellung ergeben, die Velleius Paterculus von den Anfängen des Octavian gibt[3]). Die Zahl läßt sich ohne Schwierigkeiten vermehren[4]). Auch fr. 6, wonach sowohl Pompeius wie Octavian nach dessen eigener Bezeugung der rednerischen und staatsmännischen Fähigkeiten Ciceros bedurft hätten, findet bei Velleius[5]) seine Entsprechung. Zum mindesten erwähnt er die Ehrungen für Octavian und sein Heer, die der Senat auf Ciceros Betreiben bewilligte. Gleichzeitig ist das Schwanken desselben Senats zwischen Octavian und den Pompeianern unterstrichen und wird am Schluß des Kapitels[6]) noch einmal hervorgehoben.

Velleius hat also, obwohl er sie nicht nennt, die Selbstbiographie des Augustus benutzt. Bei dem großen Unterschied des Umfanges zwischen beiden Darstellungen will es einiges bedeuten, daß fünf von den erhaltenen zwanzig Fragmenten[7]) sich bei Velleius wiederfinden und noch bei einem weiteren sich eine Berührung feststellen läßt.

Darüber hinaus ist anerkannt, daß Velleius 2, 61, 1 mit dem Beginn von Augustus' Rechenschaftsbericht zusammengehört. *Torpebat oppressa dominatione Antonii civitas: indignatio et dolor omnibus, vis ad resistendum nulli*

---

1) H. Peter, HRF. 2, 51 f. Die Ausgabe von H. Malcovati war mir nicht zugänglich.

2) Suda s. v.

3) H. Peter zu fr. 1 = Vell. 2, 59, 2; fr. 8 = Vell 2, 65, 2; fr. 10 = Vell. 2, 70, 1; R. Syme, The Roman Revolution 304 Anm. 2.

4) Fr. 3; Dio 44, 35, 2 entspricht wörtlich Vell. 2, 59, 1: Ebenso gehört fr. 15 (Plutarch. Ant. 68) mit Vell. 2, 85 4 *illis . . . in longum fortissime pugnandi duravit constantia* und 5 *cum diu dimicarent . . .. aegre summissis armis cessere victoriam* zusammen.

5) 2, 62, 1.

6) 2, 62, 6.

7) Denn zum mindesten fr. 21—22 kommen nicht in Betracht: Ed. Schwartz, Herm. 33, 208 Anm. 4.

aderat, cum C. Caesar undevicesimum annum ingressus, mira ausus ac summa consecutus privato consilio maiorem senatu pro republica animum habuit primumque a Callatia, mox a Casilino veteranos excivit paternos gibt in reicherer und bewegterer Form, womit in lapidarer Kürze das Monumentum Acyranum einsetzt[8]): *annos undeviginti natus exercitum privato consilio et privata impensa comparavi, per quem rempublicam a dominatione factionis oppressam in libertatem vindicavi.* Die Übereinstimmung des Velleius mit dem inschriftlichen Text[9]) und damit eine Abhängigkeit nach einer Seite hin ist nicht zu bezweifeln.

Hat Velleius einfach den Text des Monumentum Ancyranum in seine Darstellung eingearbeitet[10])? Dagegen spricht bereits, daß der Bericht von der Aufstellung der Legionen seine bekannten Vorbilder[11]) in Caesars Geschichte besaß, die Velleius zugänglich sein konnten. Sodann hätte Velleius seine angebliche Vorlage nicht nur stilistisch, sondern auch sachlich durch Einzelzüge bereichert, die gute Kenntnis verraten[12]). Hat er auch die Wendung *mira ausus et summa consecutus* eingefügt oder die von dem *maior senatu pro republica animus,* aus denen ein so fühlbarer Stolz dessen, der hier redet, spricht? Und die Schilderung der Lage, die der junge Octavian vorfand — scharf und prägnant, wie sie ist, in ihrer erfüllten und unwiederholbaren Formulierung — sollte sie wirklich Hinzufügung des Velleius sein? Er kannte, wie sich sogleich zeigen wird, den Rechenschaftsbericht des Augustus nicht, und das gibt den Ausschlag.

---

8) Ed. Schwartz, a. O. 213; F. Jacoby, FGrHist. 2 C, 286 f.

9) Gekennzeichnet durch *oppressa dominatione, undevicesimum annum ingressus* und *privato consilio.* Zum Ursprung der Formulierung (b. Afric. 22 Anf.) vgl. E. Skard, Symb. Osloens. 31, 119 f.

10) F. Jacoby, FGrHist. 2 C, 287.

11) W. Weber, Princeps 1, 139 f.; L. Wickert, Klio 30, 248 *privato sumptu* hatte Caesar seine Legionen in Oberitalien aufgestellt: Sueton, Iul. 24, 2; vgl. Cic., Phil. 5, 44. W. Hartke, D. röm. Kinderkaiser 210 f., hat aus solchen Übereinstimmungen den Schluß gezogen, daß Vell. 2, 41—43 Augustus' Selbstbiographie entstamme und daß dieser seine und seines Adoptivvaters Entwicklung parallelisiert habe. Abwegig G. Walser, Historia 4, 354 f.

12) In Wahrheit stand die Werbung der Veteranen in der Selbstbiographie, wie Nikolaos von Damaskos FGrHist 90 F 130; 132 f. und Appian., civ. 3, 164 f. zeigen.

Also fassen wir wiederum die Selbstbiographie des Kaisers. Hier spricht Augustus auf der Höhe seines Lebens. Erfüllt von dem Geleisteten schildert er die Stufen des Geschehens, Verwicklung und Entwirrung. Es ist ein Stück aus einem einläßlichen Bericht, bei dem es um Motivierung und Verknüpfung, um Hervorhebung der Hauptpunkte geht. Im Einleitungssatz des Monumentum Ancyranum dagegen vernimmt man den alten Kaiser, dem es allein auf das Gültige und Bleibende ankommt. Mit wenigen knappen, aber inhaltsschweren Sätzen hält er sich selbst das Elogium. Antonius, die Haltung des Senats, Calatia und Casilinum sind vergessen, nur die Hauptzüge sind geblieben. Gewiß: Formulierungen, die er selbst in der fast vier Jahrzehnte älteren Selbstbiographie gefunden hatte, sind in den Rechenschaftsbericht aufgenommen. Aber wie sie gedrängter, so sind sie auch bedeutender geworden; *imperatoria brevitas* hat sie ins Große und Endgültige gesteigert. Es ist ein Stück von Augustus' eigenem Werden, was zwischen den beiden Fassungen liegt.

Augustus' Selbstbiographie reichte bis zum cantabrischen Krieg[13]), also bis zum Jahre 26. Sie war Agrippa und Maecenas zugeeignet[14]). Sollte es ein Zufall sein, daß Octavians Herkunft und erstes Auftreten bei Velleius mit zwei wörtlichen Zitaten aus der Selbstbiographie einsetzt? Weiter, daß in der Geschichte der Jahre 44—26 es gerade zwei Männer sind, die kurze Elogien erhalten: Agrippa und Maecenas[15])? Es kommt hinzu, daß die Beendigung des cantabrischen Krieges[16]) bei Velleius einen Abschluß markiert. Während der vorangehende Bericht anerkannt vorzüglich ist[17]), setzt das Folgende[18]) gleich mit drei Unrichtigkeiten ein. Die Rückgabe der Feldzeichen von

---

13) Sueton, Iul. 85 *Cantabrico bello tenus nec ultra.*

14) fr. 6.

15) 2, 79, 1; 88, 2.

16) 2, 90.

17) Ed. Schwartz, a. O. 193 Anm. 4; 213 f.

18) 2, 91, 1.

Karrhai erfolgte nicht während des cantabrischen Krieges, sondern erst im Jahre 20. Noch weniger war die Verleihung des Augustustitels mit einem der Ereignisse gleichzeitig[19]), sondern geschah zu Anfang 27. Endlich ging die Verleihung nicht durch *consensus universi senatus populique Romani* vor sich, sondern nach dem klaren Zeugnis des Monumentum Ancyranum[20]) allein durch den Senat.

Damit erweist sich einmal, daß Velleius den Text des Monumentum nicht gekannt, zum mindesten nicht benutzt hat (oben S. 102). Es zeigt sich weiter, daß bis zum Jahre 26 eine einheitliche Darstellung geht und von da ab eine neue oder doch Flickwerk einsetzt. Der Beiname Augustus — das tritt bestätigend hinzu — wird schon vorher[21]) angewandt. Also war auch schon vorher[22]) von seiner Verleihung berichtet worden — in der ausführlicheren Vorlage des Velleius — und sie ist nur durch die von ihm vorgenommene Verkürzung ausgefallen.

Alles führt zu der Ansicht, daß die Darstellung der Jahre 44—26[23]) bei Velleius (ob sein Auszug schon früher einsetzt, wird noch zu fragen sein) auf Augustus' Selbstbiographie zurückgeht. Von leicht auszuscheidenden Einlagen und Zutaten abgesehen, hätte Velleius eine einzige Quelle zugrunde gelegt. Er hätte sie verkürzt und ausgezogen, aber im wesentlichen unvermischt erhalten. Die Aussicht, Augustus' eigenes Werk in einem einigermaßen getreuen Auszug wiederzuerhalten, ist Anreiz genug, um dem Gedanken weiter nachzugehen.

2.

Was Velleius 2, 59—60 angeht, so liegt in erweiterter Form derselbe Bericht vor in den Bruchstücken, die von Nikolaos von Damaskos' Augustusbiographie erhalten sind[24]). Die Berührungen gehen, obwohl Velleius einen

---

19) 2, 91, 1 *indidit.*
20) 34.
21) 2, 89, 2; 90, 4.
22) Also schon vor 2, 91, 1 und vor dem Jahre 26.
23) Demnach zum mindesten 2, 59, 1—90, 4 Ende.
24) FGrHist 90 F 125—130; Laqueur, RE. 17, 415 f.

Auszug gibt, wiederum ins Wörtliche[25]). Plutarchs Leben des Antonius[26]), Sueton und Appian[27]) treten als gelegentliche Bestätigungen hinzu. Da eine gegenseitige Entlehnung bei Nikolaos und Velleius nicht in Frage kommt, Nikolaos aber anerkanntermaßen auf Augustus' Selbstbiographie zurückgeht, so gilt dasselbe auch für den entsprechenden Abschnitt bei Velleius[28]). Daß er ein wörtliches Zitat aus der Selbstbiographie enthält[29]), hat sich bereits herausgestellt.

Desgleichen ergeben sich Übereinstimmungen zwischen Nikolaos' Darstellung von Caesars Ermordung und dem entsprechenden Abschnitt bei Velleius[30]). Sie zeigen, daß auch die Schilderung von Caesars Tod bei diesem ganz oder doch zu einem Teil auf Augustus' Selbstbiographie beruht. War sie in diese, wie bei Nikolaos, als Exkurs[31]) eingefügt?

Auch Dio hat, wie sich noch zeigen wird, die Selbstbiographie benutzt. So sind denn vorhandene Übereinstimmungen zwischen ihm und Velleius[32]) für die hier behandelte Frage von Bedeutung. Vor allem wäre damit erwiesen, daß die Auffassung, wonach in erster Linie Cicero den Amnestiebeschluß erwirkt habe[33]), der Selbstbiographie entstammt. Wieder handelt es sich um ein Stück aus der Erzählung von Caesars Tod.

Schon durch diese ersten Feststellungen treten die Grundzüge des Werkes hervor.

---

25) F. Jacoby, FGrHist 2 C, 261 f.

26) 16, 1—17, 2.

27) Einige Übereinstimmungen: Vell. 2, 59, 4 (Caesar) *Apolloniam eum in studia miserat, mox belli Getici ac deinde Parthici habiturus commilitonem* mit Appian, civ. 3, 36. — Vell. 2, 59, 5 *omnem ordinem ac rationem et necis et testamenti . . . comperit* mit Appian., civ. 3, 36. Über Augustus' Selbstbiographie als Quelle für Appian., civ. 3—5 vgl. P. Bailleu, Quomodo Appianus in b. civ. libr. II—V usus sit Asinii Pollionis hist. (Diss. Göttingen 1874) 44 f.

28) F. Jacoby, a. O. 264 f.; Ed. Schwartz, a. O. 213.

29) 2, 59, 1—2.

30) Ed. Schwartz, a. O. 183; F. Jacoby, a. O. 279. Vell. 2, 57, 3 *sed profecto inluctabilis fatorum vis cuiuscumque fortunam mutare constituit consilia corrumpit* mit Nikol. 83 und 97, weiter mit Appian., civ. 2, 489.

31) F. Jacoby, a. O. 272 f.

32) Vell, 2, 58, 4; Dio 44, 23, 1 f.; besonders 34, 1 f.

33) E. Schwartz, a. O. 199.

Octavian ist der von Caesar selbst eingesetzte und damit rechtmäßige Erbe[34]). Darum stellen sich dessen alte Soldaten sofort auf Octavians Seite[35]). Freunde und Anhänger strömen ihm zu[36]). Gegen den Einspruch von Mutter und Stiefvater hält er an der Übernahme des Erbes und an der Verpflichtung fest, die der Name Caesars bedeutete[37]). Die Rache für den Ermordeten wird für ihn fortan zur Verpflichtung[38]).

Das Fatum selbst leitet Octavian bei seinen Schritten. Es hat gewollt, daß Caesar den Tod fand, aber es steht jetzt dem Erben zur Seite. Es offenbart sich durch Himmelszeichen[39]), wie denn überhaupt Vorzeichen in der Selbstbiographie eine Rolle spielen[40]). *Salutaria rei publica terrarumque orbis fata* künden den neuen Gründer und Erhalter des römischen Namens[41]). Darum kümmert sich dessen *caelestis animus* mehr als um menschliche Dinge. Es ist die gleiche Haltung, die man am späteren Augustus beobachtet[42]). Octavian, so fügt seine Selbstbiographie hinzu, erstrebte lieber unter Gefahren das Höchste als Niedriges in Sicherheit[43]).

Scharf ist die Abkehr von Antonius. Er hatte durch das Angebot des königlichen Diadems Neid gegen Caesar erweckt[44]) und war so an dessen Ermordung mitschuldig[45]). Er verhandelt mit Caesars Mördern, statt sie zu bestrafen[46]). Er begegnet Octavian von oben herab[47]) und behauptet, von ihm bedroht zu sein, während er doch ständig seinen Gegnern mit Anschlägen nachstellt[48]). Zusammen

[34]) Vell. 2, 50, 1; Nikol. 30; 48; 113.
[35]) Vell. 2, 59, 5; Nikol. 41; 45 f.; 56; 115; 119 f.; 131 f.; Appian., civ. 3, 38—39.
[36]) Vell. 2, 59, 6; Appian., civ. 3, 39—40.
[37]) Vell. 2,60, 1; Nikol. 52 f.
[38]) Nikol. 53.
[39]) Vell. 2, 59, 6.
[40]) fr. 2; 4; 20.
[41]) Vell. 2, 60, 1; vgl. Nikol. 55.
[42]) F. Altheim, Röm. Religionsgesch. 2 (1953), 220; Röm. Gesch. 1, 224.
[43]) Vell. 2, 60, 2; vgl. Appian., civ. 3, 34; 46.
[44]) Vell. 2, 56, 4.
[45]) Nikol. 75.
[46]) Vell. 2, 58, 2 f.; Nik. 106 Ende; 110; Appian., civ. 3, 54 f.; vgl. 130.
[47]) Vgl. Appian., civ. 3, 65 f.; 77; 82 f. u.a.m.
[48]) Vell. 2, 60, 5; Nikol. 123 f.; 130; F. Jacoby, a. O. 286.

mit Dolabella geht Antonius zur *dominatio* über, vergreift sich an Caesars Geld[49]), fälscht dessen Akten und macht sich daran, Decimus Brutus die rechtmäßig zuerkannte Provinz zu nehmen[50]). Nikolaos[51]) spricht geradezu von Antonius' Unbill. Auch Livius, auf die gleiche Quelle zurückgehend[52]), sagt[53]), Antonius habe ohne Schranken sich als Herr gebärdet[54]); er habe gewaltsam das Gesetz über den Wechsel in der Zuteilung der Provinzen durchgebracht und Octavian, als er ihn um Hilfe gegen die Mörder Caesars bat, aufs ungerechteste behandelt.

Auch bei dem 61. Kapitel des Velleius ist die Herkunft eindeutig. Die einleitenden Worte[55]) weisen, wie erwähnt, enge Berührung mit dem Anfang des Monumentum Ancyranum auf. Auch anderes liest sich wie eine Parallelfassung zu Augustus' Rechenschaftsbericht[56]). Nur die Zuerkennung eines Reiterbildes an Octavian bildet eine Besonderheit. An sich könnte sie in den Ehrendekreten des Senats enthalten gewesen sein. Die große Zahl seiner Reiterstatuen erwähnt der Kaiser im Monumentum[57]). Aber Dio weiß nichts davon und Appians Angabe[58]) lautet anders. Der ausdrückliche Hinweis auf den Ort und die Inschrift jenes Bildes sieht nach Zutat des Velleius aus. Der Übergang der *legio Martia et quarta*[59]) ist Fortsetzung des Einleitungssatzes und der Erwähnung des Zulaufes der Veteranen Caesars[60]). Auch die Datierung der Schlacht bei Mutina ins zwanzigste Lebensjahr[61]) greift auf das zuvor erwähnte neunzehnte Jahr zurück[62]). Antonius' „nackte und schimpfliche Flucht[63])" stimmt nicht nur zur bisheri-

49) Vgl. Appian, civ. 3, 62 f.
50) Vell. 2, 60, 4 f.
51) 122; vgl. 130.
52) Ed. Schwartz, a. O. 200; 208.
53) Epit. 117.
54) *impotenter dominaretur.*
55) Vell. 2, 61, 1—2 *paternos.*
56) Vell. 2, 61, 3; Mon. Anc. 1 Z. 3—7.
57) Mon. Anc. 24 Z. 51 f.
58) Appian., civ. 3, 209.
59) Vgl. Appian., civ. 3, 185.
60) *veterani paterni:* Nikol. 115; Appian., civ. 3, 172.
61) Vell. 2, 61, 4.
62) Vell. 2, 61, 1.
63) Vell. 2, 61, 4.

gen so abgünstigen Beurteilung, sondern auch zu seiner für die Selbstbiographie überlieferten Flucht „ohne Mantel und Roß“ nach der ersten Schlacht bei Mutina[64]).

Daß die Darstellung von Octavians Bruch mit dem Senat[65]) auf Augustus' Selbstbiographie zurückgeht, ist anerkannt[66]). Die Parallelüberlieferung bei Dio[67]) steht Livius nahe und entstammt ihm wahrscheinlich[68]). Aber Dio hat neben dem, was Livius ihm bot, selbständig die Biographie benutzt[69]). Die Übereinstimmungen Dios mit Velleius weisen dafür den Weg. Deutlich ist das Streben, Antonius herabzusetzen und Octavian als den hinzustellen, der allein der Pflicht zur Rache für Caesar nachkommt. Er erweist damit seinem göttlichen Vater die Ehre, die diesem die anderen Caesarianer aus Nachlässigkeit oder Eigennutz vorenthalten[70]). Nach seinem Sieg bei Mutina nähert sich Octavian Antonius, gezwungen durch die wankelmütige Haltung des Senats, der zu den Pompeianern neigt, Brutus und Cassius in den usurpierten Provinzen bestätigt, die Soldaten ihrem rechtmäßigen Feldherrn abspenstig zu machen sucht[71]). Des Senats und Ciceros schwankende Haltung wird besonders unterstrichen[72]). Es ergab sich bereits, daß Augustus selbst hier spricht.

Bemerkenswert ist die Beurteilung der einzelnen Personen, die in ihrer Schärfe weniger bei Dio und Appian als bei Velleius hervortritt. Lepidus ist *furto* zur Würde des Pontifex Maximus gelangt[73]) und dadurch Nachfolger des großen Caesar geworden. Im Monumentum Ancyranum[74]) wird das die Würde sein, „die mein Vater besaß“; anläßlich der Wirren nach Caesars Tod kam sie in des anderen Hände. Derselbe Lepidus ist ein mittelmäßiger Feldherr

64) Sueton., Aug. 10; vgl. 11 f.
65) Vell. 2, 61, 1 f.
66) Ed. Schwartz, a. O. 213.
67) 46, 39, 1 f.
68) Ed. Schwartz, a. O. 196 Anm. 5.
69) Ed. Schwartz, a. O. 207 f.
70) Ed. Schwartz, a. O. 206.
71) Ed. Schwartz, a. O. 207; zu Vell. 2, 62, 2 vgl. S. 193 Anm. 4; 213.
72) Vell. 2, 61, 1; 6.
73) Vell. 2, 63, 1.
74) 10.

und überhört die Warnungen des Iuventius Lateranensis, sich mit einem erklärten Staatsfeind wie Antonius zusammenzutun[75]). Die Erklärung des Lepidus selbst zum Staatsfeind stellt ihn denn auch in der öffentlichen Bewertung mit Antonius zusammen[76]). Wenn dessen Gedächtnis durch Ciceros „glänzende und göttliche" Beredsamkeit „ewige Male" eingebrannt werden, so könnte hier Velleius selbst sprechen[77]). Aber sonst ist der bisherige Maßstab beibehalten. An Asinius Pollio wird die Treue zu Caesars Partei, seine Gegnerschaft zu den Pompeianern lobend hervorgehoben[78]). *Iulianae* und *Pompeianae partes* sind auch sonst genannt[79]); die letzteren begegnen, den Caesarmördern gleichgesetzt, auch bei Nikolaos[80]). Decimus Brutus trifft als Caesarmörder die gerechte Strafe[81]). Die Einzelheiten seines Untergangs kehren bei Dio[82]) und Appian[83]) wieder und sind dadurch für Augustus gesichert. Aber auch in der Gesamtbeurteilung ist deutlich, daß man Augustus selbst vernimmt. Wiederum ist er der Erbe Caesars: nicht nur rechtlich, auch durch die Tat, da er allein folgerichtig am Rachegedanken festhält.

Negativ ist die Bewertung des Munatius Plancus. Er war bekanntlich einst Caesars Legat und ihm in vieler Hinsicht verpflichtet. Jetzt erweist er sich als der Unzuverlässige, der die Parteien wechselt und bedenkenlos seinen jeweiligen Herrn verrät. Dieses Urteil ist bei Velleius bis zuletzt durchgehalten[84]). Man hat die Ursache in persönlichen Verhältnissen des Velleius gesucht[85]). Aber die Bewertung

75) Vell. 2, 63, 2; Dio 46, 51, 2; vgl. Appian., civ. 3, 343 f.; Vell. 2, 63, 1 *proruto vallo* mit Appian., civ. 3, 344.

76) Vell. 2, 64, 4.

77) Vell. 2, 64, 3.

78) Vell. 2, 63, 3.

79) Vell. 2, 61, 1; 6; 65, 1; 73, 2.

80) 59; zur Bedeutung R. Syme, JRSt. 1938, 125.

81) Vgl. Appian., civ. 4, 1.

82) 46, 53, 1 f.

83) civ. 3, 405 f.

84) Vell. 2, 63, 2; 64, 1; 67, 3 f.; 74, 3; 83, 1 f.; 95, 3.

85) R. Syme, The Roman Revolution 512 Anm. 1.

war ihm vorgegeben. Plancus ist das Gegenbild des Pollio, des Gesinnungstreuen[86]). Decimus Brutus wird von Plancus und Camelus verraten, wie er selber Caesar verriet[87]). Und derselbe Plancus, *morbo proditor,* verriet auch Fulvia und zuletzt Antonius selbst, der seinerseits die Sache Caesars verlassen hatte. Lepidus und Plancus sind ein Paar von Brudermördern[88]). Alles dies zeigt: das Urteil über Plancus ist mit der allgemeinen Haltung, die Augustus in der Selbstbiographie einnimmt, mit der Auffassung der Parteiverhältnisse, des Antonius und insonderheit des Lepidus so verflochten, daß sie nur die Meinung des Kaisers gewesen sein kann. War es eine Antwort auf das, was Plancus einst an Cicero über Octavian — *dolenter magis quam inimice,* wie er vorsichtig, aber nicht vorsichtig genug sich ausdrückte — geschrieben hatte? Daß dieser Antonius geschont habe, um dafür *summo cum terrore hominum et insulsa efflagitatione* dem Konsulat nachzujagen[89])? Auch daß der Antrag auf den Augustustitel von Plancus ausging, hat den Kaiser anscheinend nicht versöhnt: er hat den Urheber mit keinem Wort in dem darauf bezüglichen Satz seines Rechenschaftsberichtes[90]) erwähnt. Er hat ihm verziehen, aber nie seine Handlungsweise gebilligt[91]). Als Plancus 23 zusammen mit L. Lepidus Paullus, dem Neffen des Triumvirs, zum Censor gewählt wurde, erwies sich das als Fehlschlag. Augustus hat bald eingegriffen und den Versuch zur Herstellung des Amtes als gescheitert betrachtet[92]). Man spürt das unbeugsame, nicht beeinflußbare und, wie man zugeben muß, berechtigte Urteil, an dem, wenn auch nicht Plancus' robustes Gewissen, so doch der empfindliche und feiner organisierte Ovid zerbrochen ist.

86) Vell. 2, 63, 3.

87) Vell. 2, 64, 1.

88) Vell. 2, 67, 3 f.

89) Ad fam. 10, 24, 6.

90) 34 Z. 16.

91) Vell. 2, 83, 2.

92) Dio 54, 2, 1 f.; vgl. Vell. 2, 95, 3; Ed. Meyer, Kl. Schrift. 484; F. Münzer, Röm. Adelspart. 373

Octavians Stellungswechsel, die Einigung mit Antonius und Lepidus wird bei Velleius[93]), bei Appian[94]) und Dio[95]) genau begründet. Über den Hinweis auf die Feindschaft der *Pompeianae partes,* die wachsende Macht der Brutus und Cassius, den Druck der Soldaten hinaus berichtet Velleius einen besonderen Zug. Denn während die gesamte sonstige Überlieferung, auch Dio[96]), Octavian den entscheidenden Schritt tun läßt, wird er bei Velleius dem Antonius zugeschrieben[97]). Er soll gedroht haben, sich mit den Caesarmördern zu vereinigen, da ihm als Freund Caesars weniger an der Rache gelegen sein müsse als Octavian, dem Sohn...

Die Motivierung seines Schrittes einerseits, das offene Eingeständnis des Antonius andererseits mußte für Augustus in seiner Selbstbiographie von entscheidendem Gewicht sein. Hier hat Velleius einen originalen Zug treu bewahrt. Der Abschluß des Triumvirats wird demgemäß als *potentiae societas* — also nicht als rechtmäßige Amtsbefugnis *(potestas),* sondern als eine Vereinigung der faktischen Macht bezeichnet[98]). Später, im Monumentum Ancyranum[99]), wird Augustus den eigenen Triumvirat auf Volkswahl gegründet sein lassen und der beiden Genossen überhaupt keine Erwähnung tun. Dies zeigt, daß derselbe Mann spricht. Denn erst die Volkswahl ließ die *potentia* zur *potestas* werden, und ein Lepidus hatte noch im zehnten Jahr seines Tribunates nichts als die *potentia* aufzuweisen[100]). Ein gesichertes Fragment folgt[101]). Der Hinweis auf Vinicius ist Zutat des Velleius; die Erwähnung des P. Ventidius Bassus[102]) kehrt hingegen bei Dio[103]) wieder.

---

93) Vell. 2, 65, 1.
94) civ. 3, 396 f.
95) 46, 52, 2.
96) 46, 11, 5; 52, 1.
97) Ed. Schwartz, a. O. 214 Anm. 2.
98) Vell. 2, 65, 2.
99) 1 Z. 8 f.
100) Vell. 2, 80, 4.
103) 2, 66, 1—2.
102) R. Syme, a. O. 71 Anm. 3; JRSt. 1937, 133.
101) Vell. 2, 65, 2 = fr. 8.

Die Schuld an den Proskriptionen wird bei Velleius[103a]) wie bei Dio[104]) Antonius und Lepidus zugeschrieben. Octavian habe sich vergeblich gesträubt. Und doch wagte er nicht — denn hier spricht er selbst — sich restlos[105]) von der Beteiligung freizusprechen. Dafür wurde die Tötung Ciceros[106]) und des L. Caesar[107]): Antonius, der Brudermord: Lepidus und Plancus mit um so größerem Nachdruck zugeschoben. Manches[108]) ist Zutat des Velleius, aber anderes[109]) wieder gedrängte Zusammenfassung dessen, was bei Dio[110]) ausführlicher gegeben ist[111]). Auch dieser Abschnitt geht demnach auf Augustus' Selbstbiographie zurück.

3.

Eine Durchmusterung von Velleius 2, 59—68 hat gezeigt, daß die Selbstbiographie des Kaisers zugrunde liegt. Der Auszug ist knapp, aber Velleius hat sich, im Gegensatz zu Dio, an e i n e Quelle gehalten. Von wenigen Einschüben abgesehen, die sich teilweise als solche geben, immer aber ohne Schwierigkeiten sich aussondern lassen, liegt Augustus' Auffassung der Hergänge ungetrübt vor. Darüber hinaus hat Velleius in einer Reihe von Fällen den Wortlaut seiner Vorlage und wichtige Einzelzüge erhalten, die die sonstige Überlieferung nicht gibt.

Vorhandener Raum verbietet, in aller Ausführlichkeit fortzufahren[112]). Was bisher vorgelegt wurde, muß als Beispiel genügen. Aber wer die Analyse fortsetzt oder auch nur Velleius' Darstellung auf ihre tragenden Gedanken hin betrachtet, wird erkennen, daß auch im weiteren Verlauf dieselbe Quelle vorliegt. Hier sollen noch

---

103a) 43, 51, 4 f.; 47, 15, 2.
104) 47, 7, 1 f.
105) Vell. 2, 66, 2 *aliquem proscribere coactus est;* Dio 47, 7, 3.
106) Vell. 2, 6, 2; Dio 47, 8, 3 f.
107) Vell. 2, 67, 3; Dio 47, 6, 3.
108) Vell. 2, 66, 3—5; 68, 1—5; zur Sache Dio 42, 24—25; Caesar, b. c. 3, 22.
109) 2, 67, 1—2.
110) 47, 9, 1 f.
111) Ed. Schwartz, a. O. 214.
112) Die beiden Aufsätze von F. Blumenthal, Wien. Stud. 35, 113 f.; 36, 84 f. sind mir nicht zugänglich. B. führt die Analyse bis zum Sturz des Lepidus hinab.

die Vorgänge untersucht werden, die der Schlacht bei Aktium folgen.

Auf die Fragen, die mit dem Hergang der Schlacht verknüpft sind[113]), kann hier nicht eingegangen werden. Genug: Velleius' Darstellung stimmt diesmal mit der Dio's[114]) nicht überein. Sie ist vielmehr auf *clementia* des Siegers gestellt. Die Soldaten des Antonius, die tapferer sind als der Feldherr und die sich bis zuletzt wehren, sucht Octavian zu schonen[115]). Dies war die Fassung der Selbstbiographie, wie die Übereinstimmung mit Plutarch[116]) zeigt. Velleius folgt ihr erneut.

Clementia, die Octavian in Nachfolge seines göttlichen Vaters übt[117]) und die ihn als wahren Herrscher ausweist[118]), beherrscht auch das Folgende. *Victoria ... fuit clementissima,* heißt es[119]); von der Milde des *dux* wird gesprochen, und aus *clementia* schont Octavian den Sosius. Abschluß der Bürgerkriege wird durch den Tod Antonius' und Kleopatras bezeichnet. Dabei fällt die Bemerkung, es sei sowohl der *fortuna* wie der *clementia* Octavians würdig gewesen, daß kein Gegner von ihm oder auf sein Geheiß getötet wurde[120]). Es folgt die Aufzählung dieser Gegner, wobei die Caesarmörder im Vordergrund stehen[121]). Auch das Monumentum Ancyranum meidet geflissentlich jeden Hinweis darauf, daß sein Verfasser die Caesarmörder oder seine Gegner im Bürgerkrieg töten ließ[122]). Vielmehr habe er alle Bürger, die seine Verzeihung nachsuchten, geschont[123]). Man hat die Darstellung des

113) J. Kromeyer, Herm. 34, 1 f.; 68, 361 f.; W. W. Tarn, JRSt. 21, 173 f.; 28, 165 f.; G. W. Richardson, JRSt. 37, 153 f.; R. Syme, The Roman Revolution 296 f.

114) 50, 15—35.

115) Vell. 2, 85, 4 f.

116) Ant. 68 = fr. 15; dazu W. W. Tarn, JRSt. 21, 177 f.

117) H. Dahlmann, NJb. 1934, 11 f.

118) L. Wickert, Klio 30, 234 f., bes. 240 f.

119) Vell. 2, 86, 2.

120) Vell. 2, 87, 2.

121) Vgl. noch Sueton, Iul. 89.

122) 2 *qui parentem meum trucidaverunt, eos in exilium expuli iudiciis legitimis ultus eorum facinus,* heißt es mit bewußter Kontrastierung.

123) 3 *victor ... omnibus veniam petentibus civibus peperci.*

Velleius als offiziös bezeichnet[124]). Sie bedeutet mehr: sie ist die des Kaisers selbst.

Zur Bestätigung kommt manches hinzu. Der Ausspruch des Asinius Pollio[125]), der seine Stellungnahme zwischen Octavian und Antonius begründet[126]), ist nur hier erhalten und zweifellos echt. Es stimmt zur Beurteilung des Mannes im Vorangehenden[127]). Kleopatra stirbt *expers muliebris metus*[128]), wie sie bei Horaz *nec muliebriter expavit ensem;* es ist wertvoll, zu wissen, daß der Dichter mit dem Urteil seines Herrschers übereinstimmte. Auch im folgenden spürt man die Hand des Kaisers. Servilia, Tochter des P. Servilius Vatia Isauricus und Gattin des jüngeren Lepidus, folgt diesem in den Tod: *quae vivo igni devorato praematura morte immortalem nominis sui pensavit memoriam*[129]). Wie jener Ausspruch Pollio's, so wird ihr Heldenmut nur an dieser Stelle berichtet. Sie war einst die Verlobte des Mannes gewesen, der ihr dieses Denkmal setzte[130]). Und wiederum nur hier wird Maecenas' Verdienst an der Niederwerfung der Verschwörung des M. Aemilius Lepidus hervorgehoben[131]). Dio[132]) berichtet, Maecenas habe zwar damals Rom und Italien unterstanden, aber in der Besorgnis, er möge als Ritter nicht für voll genommen werden, habe Octavian noch Agrippa gesandt. Es wäre dann der Kaiser selbst, der den Tatbestand richtigstellt und, wie bereits gesagt, Maecenas als einem der beiden Männer, denen die Selbstbiographie zugeeignet war, ein eigenes Elogium widmet.

Besondere Bedeutung besitzt Velleius' 89. Kapitel. Es steht an einem Wendepunkt. Die *bella civilia* sind beendet[133]), und es beginnen, um den Ausdruck des Rechen-

124) A. v. Premerstein, Abh. Bayer. Ak. Wiss. 1937, 39 Anm. 1; R. Syme, a. O. 299.
125) R. Syme, a. O. 291 f.; vgl. 5 f.
126) Vell. 2, 86, 3.
127) Vell. 2, 63, 3 *firmus proposito et Iulianis partibus fidus.*
128) Vell. 2, 87, 1.
129) Vell. 2, 89, 3.
130) Sueton., Aug. 62, 1; R. Syme, a. O. 182; 189; 298.
131) Vell. 2, 88, 2 f.; R. Syme, a. O. 298; 494; Appian., civ. 4. 216 erwähnt es nur beiläufig.
132) 51, 3, 5.
133) Vell. 2, 87, 1; 90, 1.

schaftsberichts zu gebrauchen[134]), die *bella externa*. Gleichzeitig tritt zum ersten Mal der Name Augustus auf[135]): zutreffend, insofern er Octavian nach seiner Rückkehr nach Rom[136]) verliehen wurde. Das war also in der ausführlicheren Vorlage berichtet worden.

Die Bezeichnung *princeps* hat sich für Augustus nicht sogleich durchgesetzt[137]). Bei Velleius erscheint sie im gleichen Kapitel. Der Wortlaut[138]) zeigt, daß es noch andere *principes* oder *principes viri* im Staate gab[139]). Augustus war der *princeps* im besonderen Sinn oder, wie Horaz[140]) es ausdrückt, der *maximus principum*. Jedenfalls taucht die Bezeichnung *princeps*, für den Kaiser verwandt, bei Velleius zusammen mit dem Augustustitel auf. Auch das Monumentum Ancyranum gebraucht sie in gleicher Weise.

Vorher[141]) und noch bei Actium ist Octavian *dux*[142]). Das stimmt genau zum Sprachgebrauch des Monumentum Ancyranum[142a]). Die gleiche Bezeichnung, gelegentlich *dux partium*, trägt Octavian in der übrigen Literatur. Auch Brutus[143]) und Cassius[144]) stellen für Velleius *duces* dar, und Messalla Corvinus soll ihr Nachfolger in dieser Eigenschaft werden[145]). Ebenso sind Sextus Pompeius und Lepidus *duces*[146]). Cn. Domitius heißt *dux partium*[147]). Der Titel *dux* ist in der übrigen Literatur Augustus lange ge-

---

134) 3 Z. 13.
135) Vell. 2, 89, 2; 4.
136) Vell. 2, 89, 1.
137) R. Syme, a. O. 311.
138) *Principes viri triumphisque et amplissimis honoribus functi adhortatu principis ad ornandam urbem inlecti sunt:* Vell. 2, 89, 4; *principatus* 6.
139) M. Gelzer, D. Nobilität d. röm. Republik 35 f.; V. röm. Staat 2, 30 f.; R. Heinze, Hermes 59, 79; H. Waagenvoort. Philol. 1936, 206 f.; 323 f.; R. Syme, a. O. 310; 348; 379; 387; 392 u.a.m. Über den Gebrauch von *princeps* bei Augustus selbst: Th. Mommsen, Res gestae Divi Aug. 2 149.
140) c. 2, 86, 2.
141) Vell. 2, 74, 4; 80, 3—4.
142) Vell. 2, 86, 2.
142a) 25 *ducem*.
143) Vell. 2, 69, 3.
144) Vell. 2, 72, 2. Dazu U. v. Lübtow, Ztschr. d. Savigny-Stift., R.A. 66, 549.
145) Vell. 2, 71, 1; Caesar und Pompeius sind für Cicero *clarissimi duces:* Marc. 30.
146) Vell. 2, 72, 5; 80, 4.
147) Vell. 2, 72, 3; vgl. 76, 2.

blieben[148]). Bei Velleius erlischt er mit Beendigung der Bürgerkriege[149]) und wird durch Augustus (und *princeps*) ersetzt. Für den, der dies schrieb, lag dazwischen der entscheidende Wechsel. Ist es wieder der Kaiser selbst, der hier spricht?

Bisher hatte seine Aufgabe darin bestanden, den Mord seines Vaters zu rächen und den Bürgerkrieg niederzuschlagen. Als *dux* hatte er seine *partes*[150]). Auch von den *Iulianae partes*[151]), ihrer Streitmacht: den *Iulianae naves*[152]), und im Gegensatz dazu von den *Pompeianae partes*[153]) oder von den *Brutianae Cassianaeque partes*[154]) ist die Rede. Ebenso gibt es *Antonianae* oder *Antonii partes*[155]), die bei Actium im Gegensatz zu den *Iulianae*[156]) stehen. Mit dem endgültigen Sieg der einen *partes* war das Bestehen der anderen *partes* und, wenn auch nicht des *dux* als Feldherrn, so doch als *dux partium* gegenstandslos geworden.

Caesar autem reversus in Italiam atque urbem, quo concursu, quo favore omnium hominum, aetatium, ordinum exceptus sit, beginnt das Kapitel. Da liegt der Nachdruck auf *omnium:* daß alle ihn begrüßen, ist das Neue. Es bestehen keine *partes*, auch keine *Iulianae partes* als solche mehr. Der *favor omnium ordinum* ist nichts anderes als die *concordia ordinum*. Dann müßte der *favor omnium hominum* der *consensus universorum* sein, durch den der Kaiser gemäß seiner Äußerung im Monumentum Ancyranum[157]) nach Auslöschung der Bürgerkriege[158]) in den Besitz der Allgewalt gelangt war.

---

148) R. Syme, a. O. 311 f.; weiteres bei A. v. Premerstein, a. O. 53 Anm. 1; 88 f. Zum *dux* vgl. J. Béranger, Recherches s. l'aspect idéolog. du principat 47 f.

149) Augustus selbst sprach von den *duces, qui imperium populi Romani ex minimo maximum reddidissent* (Sueton., Aug. 31) und übereinstimmend damit Velleius von *Scipionibus aliisque veteribus Romanorum ducum* (2, 80, 3).

150) Schon Sulla sprach von den *optimatium partes* (Sueton., Iul. 1).

151) Vell. 2, 63, 3; 84, 1.

152) Vell. 2, 85, 2.

153) Vell. 2, 62, 1; 6; 65, 1; 73, 2.

154) Vell. 2, 74, 1.

155) Vell. 2, 74, 3; 86, 3.

156) Vgl. Vell. 2, 85, 2.

157) 34.

158) Vell. 2, 87, 1; 89, 3; 90, 1.

Das läßt sich noch bestätigen. Nikolaos von Damaskos[159]) spricht von der Menschheit, wo Velleius[161]) den *consensus senatus populique Romani* nennt. Die griechische Fassung des Monumentum Ancyranum gibt statt des *consensus universorum* die Gebete und Wünsche der Mitbürger. Er muß sich demnach in religiösen Formen geäußert haben. Und wie käme das besser zum Ausdruck als in dem Satz des Velleius[162]): *nihil deinde optare a dis homines, nihil dii hominibus praestare possunt, nihil voto concipi, nihil felicitate consummari, quod non Augustus post reditum in urbem rei publicae populoque Romano terrarumque orbi repraesentaverit.* Bei Velleius ist mit anderen Worten, aber der Sache nach übereinstimmend beschrieben, wie der *universorum consensus*, die „Gebete der Mitbürger", sich vollzogen.

Eine weitere Feststellung muß hinzutreten. *Iuravit in mea verba tota Italia sponte sua et me belli, quo vici ad Actium, ducem depoposcit. Iuraverunt in eadem verba provinciae Galliae, Hispaniae, Africa, Sicilia, Sardinia*[164]). Das zeigt, daß zum *dux* der Eidschwur gehört. *Tota Italia*[165]) leistet Octavian den Schwur, wie es *tota* oder *universa Italia* einst dem Livius Drusus gegenüber tat[166]). Zum *princeps* aber gehört wesensmäßig der *consensus universorum* oder *omnium* (unten S. 120). Das spricht von vornherein dagegen, daß dieser *consensus* mit dem Eidschwur Italiens etwas zu tun hat. Vielmehr scheiden sich *coniuratio* und *consensus* so, wie *dux* und *princeps* sich scheiden.

Nach der Rückgabe der *potestas* an Senat und Volk, nach Empfang des Augustusnamens heißt es im Rechenschaftsbericht: *potestatis . . . nihil amplius habui quam*

159) FGrHist 90 F 125, 1.

161) 2, 91, 1.

162) 2, 89, 2. Über *felicitas, hilaritas, gaudium* und *laetitia* bei öffentlichen Begehungen lohnte sich eine Untersuchung. Was A. Alföldi, Historia 4 (1955), 131 f. darüber vorträgt, ist schon darum unbrauchbar, weil er alle vier Begriffe ohne weiteres gleichsetzt. Vollends gar nichts haben damit die neugefundenen Trierer Deckengemälde zu tun.

164) Mon. Anc. 25.

165) Flor. 2, 5, 1; vgl. Vell. 2, 14, 1; 15, 1.

166) A. v. Premerstein, a. O. 27 f.; R. Syme, a. O. 285.

ceteri, qui mihi quoque in magistratu conlegae fuerunt. Übereinstimmend damit sagt Velleius[167]), daß der Princeps die Diktatur ablehnte (wo er ohne Kollege geblieben wäre), sich aber zur Übernahme des Konsulates bewegen ließ. Auch der Rechenschaftsbericht weiß von der Ablehnung der Diktatur, dazu noch des *consulatus annuus et perpetuus*[168]). Aber er kennt dreizehn Konsulate[169]), Velleius nur elf. Und doch schrieb dieser lange nach Augustus' Tod. Von Velleius' eigenem Standpunkt aus war das eine Unrichtigkeit oder vielmehr eine Flüchtigkeit. Denn er machte diese Angabe nur, weil sie ihm durch seine Quelle gegeben war und er diese Angabe übernahm, wie er alles aus ihr übernahm. Demnach war Velleius' Vorlage 23 oder kurz danach abgefaßt. Dazu stimmt, daß die Ablehnung der angetragenen Diktatur *M. Marcello et L. Arruntio cos.*[170]), also 22, erfolgte. Die kaiserliche Selbstbiographie reichte bis zum Ende des cantabrischen Krieges[171]), aber über 26 hinaus mag ihr Verfasser noch einige Jahre an ihr gearbeitet haben. Auch das 89. Kapitel ist damit, zumindestens in allen wesentlichen Zügen, auf Augustus zurückgeführt.

4.

Noch muß das entscheidende Zeugnis verhört werden. Im 34. Kapitel des Monumentum Ancyranum heißt es in der durch das Antiochenum[172]) gesicherten Fassung:

In consulatu sexto et septimo, postquam bella civilia extinxeram per consensum universorum potitus rerum omnium, rem publicam ex mea potestate in senatus populi Romani arbitrium transtuli.

Die grammatische Auffassung des Satzes ist geklärt[173]). Wie das Verbum *transtuli* des Hauptsatzes durch die ein-

167) 2, 89, 5.
168) 5.
169) 4.
170) Mon. Anc. 5 Z. 32.
171) Sueton., Aug. 85.
172) Ramsay - v. Premerstein, Klio Beih. 19, 95. Für mich nicht überzeugend: E. Hohl, Mus. Helvet. 1947, 101 f.; vgl. noch J. Gagé, Res gestae ² 142 f.
173) K. Barwick, Philol. 91, 350 f.

leitende Angabe des Konsulates zeitlich bestimmt wird, so das Partizipium *potitus* des Nebensatzes durch das ihm untergeordnete *postquam bella civilia extinxeram*. „In meinem sechsten und siebenten Konsulat habe ich, nachdem ich nach Auslöschung der Bürgerkriege durch *consensus universorum* in den Besitz der Allgewalt gekommen war, die *res publica* aus meiner Befugnis in die Entscheidung des Senats und des römischen Volkes übertragen[174])".

Weniger geklärt ist das Inhaltliche. Stilistisch fällt das Nebeneinander von *potitus* und *potestas* ins Auge. Der Gedanke liegt nahe, daß der in *potitus* gipfelnde Nebensatz die Entstehungsgeschichte der *potestas* gibt[175]). Die Figura etymologica würde dann einen staatsrechtlichen Sachverhalt spiegeln. Man hat dies jedoch abgelehnt[176]). Es sei nicht die faktische Allgewalt *(potitus rerum omnium)*, sondern die Amtsbefugnis *(potestas)* des Triumvirn gewesen, deren sich Augustus in den Jahren 28 und 27 zugunsten des römischen Volkes begeben habe. Aber dagegen spricht die ausdrückliche Angabe des Kaisers im Monumentum Ancyranum selbst[177]), er sei zehn Jahre hintereinander Triumvir gewesen. Er betrachtete also, als er dies schrieb, seinen Triumvirat Ende 33 oder 32[178]) als abgelaufen. Dazu stimmt, daß er sich auf der Inschrift auf dem Kastortempel vom Jahre 29 nicht mehr als Triumvir bezeichnete[179]). Und doch glaubte er sich im Besitz einer Amtsbefugnis. Dementsprechend lehnt er auch bei Dio[180]) anläßlich der gleichen Gelegenheit die Vorstellung einer αὐταρχία ab. Dio spricht von einem Amt (ἀρχή) [181]) und ausdrücklich ist bezeugt, daß Octavian bis zum Jahre

174) K. Barwick, a. O. 352.

175) U. Wilcken, SBAW. 1915, 84 Anm. 2.

176) H. Berve, Herm. 71, 250 f.

177) 7; vgl. Sueton., Aug. 27.

178) H. Berve, a. O. 251 Anm. 2.

179) W. Kolbe, Herm. 49, 292 f. Ebenso E. Schönbauer, SBAkWien, philol.-hist. Kl. 224, 2, 37 f.; 53 f.; zustimmend S. Condanari-Michler, Anz. f. Altertumswiss. 1949, 2, 104 f.

180) 53, 4, 3.

181) Anders Tac., ann. 3, 28: *potentiae securus, quae triumviratu iusserat, abolevit deditque iura.*

28 die vierundzwanzig Fasces führte[182]). Wie ist dieser Widerspruch zu verstehen?

Entscheidende Bedeutung kommt hier dem Begriff *consensus universorum* zu. Man wollte darin eine Eidesleistung der Reichsbevölkerung erblicken[183]), aber diese Auffassung konnte bündig widerlegt werden[184]). Doch damit ist noch nicht gesagt, was jener Begriff im Sinne des Kaisers besagen wollte. So viel ist deutlich[185]), daß *consensus universorum* und *consensus omnium* kein formeller staatsrechtlicher Akt war. Darum ermangelte er aber keineswegs der tatsächlichen Wirkung, und nicht nur Augustus[186]), auch die folgenden Kaiser haben sich immer wieder auf ihn berufen. Schwieriger war die inhaltliche Bestimmung. Man glaubte zu erkennen, daß der Kaiser nicht so sehr die Gesetzlichkeit seiner Stellung betone als die Kräfte, von denen sie getragen ist und die ihm jene höhere Weihe zuerkennen, wodurch sich der Herrscher vom Magistrat unterscheidet[187]). Damit wurde allerdings das Gewicht, das Augustus auf seine *potestas*, auf seine Amtsbefugnis (ἀρχή) legte, verschoben. Und zweierlei war übersehen: einmal, daß der *consensus* als konstituierender staatsrechtlicher Akt sich keineswegs auf den Prinzipat beschränkt; dann, daß außer der inschriftlichen Überlieferung eine reiche literarische vorhanden ist. Vor allem Livius liefert Bezeugungen, die Aufschluß geben[188]).

Nach Abfassung der Zwölftafeln legen bei ihm die Dezemvirn ihr Werk dem Volk zur Zustimmung vor. Das geschieht, in dem das fertige Gesetz öffentlich zugänglich gemacht und jeder zur Meinungsäußerung aufgefordert wird. Erst nachdem man Zustimmung und Kritik vernommen und bei der endgültigen Abfassung des Gesetzestextes berücksichtigt hat, bringt man das Ganze in seiner voll-

182) Dio 53, 1, 1; W. Kolbe, a. O. 292.
183) H. Gelzer, Meister der Politik 1, 154; A. v. Premerstein, a. O. 32.
184) H. Berve, a. O. 242 f.; Cicero, wenn er *incredibiliter consentientem populi Romani universi voluntatem* (Phil. 1, 36) beschreibt, zeigt, daß der *consensus* sich in ganz anderen, mehr gefühlsmäßigen Formen äußert.
185) H. U. Instinsky, Herm. 75, 265 f.; A.v. Premerstein, a. O. 62 f.
186) A. v. Premerstein, a. O. 64; H. U. Instinsky, a. O. 270 f.
187) H. U. Instinsky, a. O. 271.
188) Zum Folgenden: F. Altheim, Röm. Gesch. 2, 233 f.

endeten Fassung vor die Komitien zur Beschlußnahme. Livius steigert dies dahin, daß die Gesamtheit des römischen Volkes die Gesetze nicht nur gutgeheißen, sondern sie durch vorherige „Zustimmung aller" gleichsam selbst beantragt habe[189]).

Der *consensus omnium* findet hier im Beschluß der Volksversammlung seinen gesetzlichen Abschluß, ist damit aber nicht eins, sondern bildet die Voraussetzung. Livius ererwähnt ihn auch des öfteren, und wieder tritt die Formlosigkeit, aber auch die Wirksamkeit des *consensus* hervor.

Im Jahre 402, heißt es an anderer Stelle[190]), drängte der Senat auf vorzeitige Wahl neuer Militärtribunen, da die alten im Feld ihre Unfähigkeit erwiesen hatten. Der Plan schien an dem Widerspruch eines der noch im Amt befindlichen Militärtribunen zu scheitern. Sein Widerstand rief, sehr zum Unwillen des Senats, die Volkstribunen auf den Plan. Da fand ein anderes amtierendes Mitglied des Kollegiums den Ausweg, indem es mit Ernennung eines Diktators drohte. Daraufhin setzten, „besiegt durch die Zustimmung aller", die bisherigen Militärtribunen Wahlversammlungen an und schieden zugunsten ihrer neuerwählten Nachfolger vorzeitig aus dem Amt. Hierin kommt erneut die Kraft des *consensus omnium* zum Ausdruck[191]). Er bildet eine zwar unformelle, aber wirksame politische Macht, die ihrerseits die Voraussetzung eines staatsrechtlichen Aktes darstellt und durch ihn ihre Bestätigung empfängt[192]).

Noch ein weiterer Fall, gleichfalls bei Livius berichtet[193]). Rom ist von den Galliern besetzt, das Kapitol belagert. Die Reste des an der Allia geschlagenen Heeres haben sich in Veji gesammelt. Durch *consensus omnium* beruft man den verbannten Camillus zum Feldherrn. Aber diesmal befragt man aus Gewissenhaftigkeit[194]) noch den Senat, der

189) Liv. 3, 34, 5; F. Altheim, Epochen d. röm. Gesch. 146 Anm. 137; E. Burck, D. Erzählungskunst d. Livius 39.
190) Liv. 5, 9, 1 f.
191) *Victi consensu* auch Liv. 3, 52, 10 in der Geschichte der Dezemvirn.
192) H. U. Instinsky, a. O. 269.
193) Liv. 5, 46, 7 f.
194) Vgl. noch Dio fr. 24, 8 B.

vorherige Aufhebung der Verbannung verlangt und Camillus' Ernennung zum Diktator zustimmt. Hier führt der unformelle *consensus* zur Ernennung des Diktators, ein Recht, das an sich nur dem im Amt befindlichen Magistrat zustand[195]).

Der *consensus* hebt also die alten staatlichen Ordnungen auf, aber zugleich wird deren gewissenhafte Beachtung unterstrichen. Darüber hinaus liegt an der gleichen Stelle Gewicht darauf, daß der *consensus* sich in Wahl und Bestallung des Staatsführers auswirkt. Das führt auf die entscheidende Beobachtung.

Es ist kein Zufall, daß die Vorstellung vom *consensus omnium* innerhalb der Annalistik bei Livius und nur bei ihm erscheint. Daß er sodann, ohne in den späteren Büchern gänzlich zu fehlen, vornehmlich in der ersten Dekade auftritt[196]). Die Darstellung der altrömischen Geschichte hat Livius vor allem mit Vorstellungen erfüllt, die er seiner eignen Zeit entnahm. Auch im *consensus* spiegelt sich das Erlebnis der augusteischen Gegenwart. Sie maß dem, was ein jeder empfand, worauf die Gesamtheit den Blick gerichtet hielt, eine besondere Bedeutung zu. Sie erkannte in dem Bewußtsein und klaren Herausstellen eines solchen Gesamtempfindens Begründung und Ziel ihres eignen Tuns. Das galt für die Dichtung[197]), aber auch für die Auffassung der staatlichen Vorgänge.

Denn auch Augustus wies, an der zuvor angeführten Stelle des Monumentum Ancyranum, dem *consensus universorum* eine entscheidende Rolle zu. Getragen von der einheitlichen Zustimmung aller ist er in den Besitz der Allgewalt gelangt. Die Vorstellung, auf die er sich berief, war dem römischen Staatsleben entnommen. Darum übersetzte die griechische Fassung *universorum* so, daß nur römische Bürger darunter verstanden werden konnten[198]).

---

195) Nach einer Formulierung von H. U. Instinsky (brieflich).

196) Vgl. noch 9, 7, 7; 15; 10, 22, 2.

197) F. Altheim, Röm. Religionsgesch. 2 (1953), 227 f.; 236 f. Altheim-Mattingly, Hist. of Rom. Relig. 381 f.

198) Der Rhet. ad Herenn. 4, 9, 13 sprach von Roms *imperium orbis terrae, cui imperio omnes gentes, reges, nationes partim vi, partim voluntate consenserunt*. Das war die Haltung der Untertanen. Vgl. J. Vogt, Orbis Romanus 11.

Es war also der *universus populus Romanus* gemeint, und schon Cicero verwendet die Formel, daß *omnes cives consentiunt*[199]). Besitz der Allgewalt war legal, so wie es die Ernennung des Camillus zum Diktator auch war. In beiden Fällen begründete *consensus* der Bürgerschaft eine *potestas*. Nicht durch formellen Akt, aber durch das lebendige Wollen der römischen Gesamtheit.

Bei Camillus wie bei Augustus handelt es sich um die Berufung des Staatsführers. Beide Male erfolgt sie durch Zustimmung aller; beide Male aber wird der umstürzende Akt gemäßigt durch die Beachtung, die das derart berufene Staatsoberhaupt den bestehenden Einrichtungen zollt. Camillus ging nicht eher nach Veji, trat nicht eher den Oberbefehl an, als bis er (so lautet für Livius die wahrscheinlichste Fassung) die gesetzliche Bestätigung seiner Rückberufung und Wahl erhalten hatte. Ebenso Augustus: er legt sein durch *consensus* erhaltenes Führungsamt in die Hände des Senats zurück. Aber nur, um von ihm die Ehrungen zu empfangen, die der folgende Satz des Rechenschaftsberichtes aufzählt, darunter an erster Stelle den Titel Augustus, der ihn über bloßmenschlichen Bereich hinaushob: *quo pro merito meo senatus consulto Augustus appellatus sum.*

Die Übereinstimmung springt, denke ich, in die Augen. Es kommt hinzu, daß auch die Annahme der Zwölftafelgesetzgebung dieselben Züge aufweist. Wiederum folgt auf den unformellen Akt des *consensus* der gesetzliche Beschluß, diesmal der Komitien. Er ändert nichts am Tatsächlichen, weder hier noch dort: er erbringt nur die Bestätigung.

Zum Abschluß: *post id tempus auctoritate omnibus praestiti, potestatis autem nihil amplius habui quam ceteri, qui mihi quoque in magistratu conlegae fuerunt.* Wiederum erscheint die Figura etymologica. Wie *potitus* und *potestas* einander entsprechen, so tun es diesmal *Augustus* und *auctoritas*, auch sie von der gleichen Wurzel gebildet[199a]). Und wie *potitus* die Tatsache der *potestas* erklärt, so auch

199) Phil. 1, 21.
199a) Zu *auctoritas* vgl. J. Béranger, a. O. 114 f. Abwegig H. Erkell, a. O. 39.

Titel und Eigenschaft des Augustus die *auctoritas* des Trägers. *Potestas* hingegen besaß der Princeps nicht mehr als jeder andere. Das ist im Gegensatz zum Vorangehenden gesagt, wonach er sich durch *consensus universorum* in den Besitz der Allgewalt gesetzt hatte. Denn auch dies war eine *potestas* gewesen, aber zum Unterschiede eine solche, in der er hoch über allen anderen Magistraten gestanden hatte.

Auch zum Begriff des *consensus* ergeben sich ähnliche Entsprechungen. *Auctoritas senatus* und *consensus populi* gehören für Cicero zusammen[200]). Jetzt tritt der Herrscher hinzu[201]). Mit dem Titel ist dieser dem Göttlichen angenähert, aber auch hinter dem *consensus omnium* steht göttliche Macht. Denn die Götter besitzen ihren eignen *consensus* und kraft dessen erhalten sie den römischen Staat[202]). *Potestas* der Quiriten, fügt Cicero hinzu, grenze nahe an das *numen* der Unsterblichen[203]).

Den Beinamen Augustus[204]) läßt nur Velleius[204a]) durch *consensus universi senatus populique Romani* übertragen werden. Aber die Bestellung zum *curator legum et morum* und der Titel eines *pater patriae*[204b]) wurde ihm wirklich durch eben diesen *consensus* angeboten. Nicht beachtet blieb bisher, daß der *consensus populi* Octavian zum vorübergehenden Vergleich mit Sext. Pompeius zwang. So berichtet Velleius[205]), und es wäre von besonderer Bedeutung, wenn man auch hier Augustus' eigne Lebensbeschreibung heraushören sollte. Die abwehrende und verhindernde Kraft des *consensus* hat sich bei Livius bereits gezeigt. Sie, nicht die schöpferische Bedeutung, tritt auch sonst hervor. Caesar[206]) läßt durch den *consensus* der ganzen Provinz

200) Phil. 3, 2; 13.

201) *Summoque consensu militum veteranorum, qui eius auctoritatem secuti rei publicae praesidio sunt et fuerunt*, sagt Cicero (Phil. 3, 38) vom jungen Octavian.

202) Cic. Phil. 4, 10.

203) Rab. 5. Götterweisung und *consensus omnium* zusammengestellt Phil. 4, 10.

204) Zum Folgenden: A. v. Premerstein, a. O. 64.

204a) 2, 91, 1.

204b) Sueton, Aug. 58, 1—2.

205) 2, 77, 1.

206) b. c. 1, 30, 4; 3, 102, 6. Umgekehrt die *voluntas erga Caesarem totius provinciae* 2, 17, 2; 20, 1. Und Curio wartet *omnium suorum consensu* Verstärkungen ab: 2, 87, 6. Ein *consensus* besonderer Art 3, 110, 4.

Cotta aus Sardinien vertreiben, durch den der Antiochener und der dort weilenden römischen Bürger Pompeius aus dieser Stadt ausgeschlossen werden.

Der Vergleich mit Sext. Pompeius ist darum wichtig, weil er zeigt, wie man unter Vorgang des Kaisers selbst nach jeder Richtung die Anknüpfung an Verhältnisse der altrömischen und republikanischen Zeit erstrebte. Der Zusammenhang mit Vorstellungen wie denen des *consensus omnium bonorum*[207]), der *concordia ordinum* und ihren bis zur Mitte des 2. Jahrhunderts hinaufreichenden Wurzeln[208]) ist ohnedies deutlich.

Bei der Beratung des Gabinischen Gesetzes warnte Q. Lutatius Catulus davor, in Pompeius' Hand alle Macht zu vereinen[209]). „Wenn ihm etwas zustoßen sollte, wen wollt ihr dann an seine Stelle setzen?" So redete Catulus die Versammlung an, die einmütig zurückrief: „Dich!" Besiegt durch den *consensus omnium*, heißt es weiter, und durch ein derart ehrenvolles Zeugnis der Bürgerschaft sei er aus der Versammlung weggegangen. Der *consensus* stellt also in diesem Falle fest, wer nach dem Ausscheiden des bisherigen *princeps civitatis* — denn das war Pompeius[210]) — sein Nachfolger sein werde. Mit anderen Worten: dieser *princeps* wird durch den *consensus omnium* ermittelt oder kann es werden. Wieder ist die Beziehung zu Augustus vorhanden. Noch weiter zurück führt die Verbindung zum Scipionenelogium, worin es heißt:

honc oino ploirume consentiont Romane
duonoro optumo fuise viro
Luciom Scipione . . .

Man ist damit auf eine urrömische Vorstellung gestoßen, urrömisch sowohl dem Alter als auch dem Wesen nach. Sie erscheint nicht nur in einem der frühesten Denkmäler

207) H. Strasburger, Concordia ordinum 72 f.
208) H. Strasburger, a. O. 6 f.
209) Die Stellen in K. Zieglers Ausgabe zu Plutarch., Pomp. 25, 10 f., darunter Vell. 2, 32, 1; Sallust., hist. 5, 24 M.
210) Vell. 2, 33, 3.

römischer Dichtung und römischer Geisteshaltung: sie war mächtig genug, um über zwei Jahrhunderte hinweg die ideologische Grundlage des Prinzipates abzugeben.

5.

Hier schließt sich eine Vorstellung an, die für die augusteische Zeit von ähnlicher Bedeutung war wie Princeps und Augustus: *vates*. Mit ihm erhält die bisherige Betrachtung ihre Krönung und zugleich einen Ausblick, der etwas Großartiges besitzt. Vergil und Horaz haben diesen Titel in vollem Bewußtsein seiner Bedeutung getragen; noch Ovid hat geglaubt, ihn beanspruchen zu dürfen[211]).

Auch den *vates* hatte die Zeit nicht geschaffen. Sie hatte das Wort nach langer Vernachlässigung wieder aufgenommen und gleich dem *consensus omnium* erneut mit Inhalt erfüllt. Das erhöhte Wissen des *vates* um die göttlichen Dinge, das Schauen im Rausch war überkommen. Was ihm indessen eine neue Würde verlieh, war weniger der außergewöhnliche Zustand als solcher. Gewiß: Horaz hat sich, zumal in den Römeroden, als Seher und Priester vernehmen lassen. Das Bewußtsein, Dinge schauen und aussprechen zu dürfen, die in der vorhandenen Ordnung der Welt, vor allem in der Geschichte und im Wirken der Nation, beschlossen lagen, die aber noch des Erweckers und Künders bedurften — das war es, was dem augusteischen Dichter seine neue Haltung gab. Hatten die Neoteriker das Seltene und Erlesene bevorzugt, zumal wenn es von den Vielen gemieden wurde, so waltete jetzt ein anderes Streben. Was alle fühlten, was von einem jeden geahnt und im dunklen Bild geschaut wurde — das in gültiger und würdiger Form auszusprechen, galt dem *vates* als sein eigenstes Tun.

Die neue Haltung bedeutete eine Umwertung in weitestem Umfang. Der Dichter als Individualität und als Träger individueller Begegnungen, Schicksale, Stimmungen trat zurück hinter der Aufgabe, die ihm Normhaftes und Verpflichtendes zu künden befahl. Auch dort, wo er Persönliches mitteilte, erwuchs für ihn die Nötigung, das Ein-

211) Zum Folgenden: F. Altheim, Röm. Religionsgesch. 2 (1953), 226 f.; 255 f.

malige und Besondere ins Allgemeine, das Zufällige ins Bedeutsame zu erheben. Sogar der Bereich der Liebe, der privateste, wie es schien — wurde dieses Charakters entkleidet und so gestaltet, daß im eigenen Erlebnis das Typische und am Einzelzug der allgemeine Gehalt in den Vordergrund rückte[212]). Auch da blieb sich der *vates* des Anspruchs, den sein Amt an ihn stellte, bewußt.

In dem Brief an Augustus[213]) schildert Horaz das Wirken des Dichters. Es gipfelt im Bilde des Chores der Knaben und Mädchen, dem er das Gebet an die Götter in den Mund legt. Hier spiegelt sich der feierlichste Augenblick in Horazens Leben, als durch solchen Chor sein *carmen saeculare* vorgetragen wurde. Aber die Tätigkeit des Chors, wie Horaz sie umreißt — Bitte um Regen, Abwendung von Krankheit und Gefahr, Erflehen von Friede und Fruchtbarkeit —, geht über den Inhalt des eigenen Liedes weit hinaus. Es klingen Erinnerungen an das altrömische *carmen* und an das Bild des frühesten nationalen Dichters an[214]). Mit ihm erblickt sich Horaz in einer Reihe und begreift so seinen eignen Anspruch, seine eigne Stellung als Wiederaufnahme dessen, was von alters her für Rom und römisches Wesen bezeichnend war. Wie Livius Andronicus einst als erster der religiösen Stimmung der gesamten Bürgerschaft Ausdruck verliehen hatte, so fühlte sich Horaz als berufener Former und Künder dessen, was seine Zeit und sein Volk bewegte.

Es lag nahe, daß Horaz auch aussprach, was diese Zeit gegenüber dem Herrscher empfand. Vor allem zwei Gedichte des letzten Odenbuches[215]) sind zu nennen, das eine frühestens nach 15, das zweite nach 13 verfaßt. Beide haben gemeinsam, daß sie des Kaisers Rückkehr nach längerer Abwesenheit erwarten oder begrüßen. Beide schildern die glücklichen Zustände, die unter Augustus Herrschaft sich eingestellt haben: das Aufhören der Bürgerkriege[216]), den

212) F. Altheim, Röm. Religionsgesch. 2 (1953), 270 f. über Horaz' Galathea-Ode.
213) 2, 1, 126 f.
214) F. Solmsen, Zeitschr. f. Ästhetik 26, 158.
215) 4, 5 und 15.
216) 4, 15, 16 f.

Frieden[217]) und die Sicherheit vor dem äußeren Feind[218]); das ruhige Gedeihen der Bauern[219]) und Handeltreibenden[220]); die Wiederherstellung der Sitte[221]); die *maiestas imperii*[222]). Worte des Velleius kommen in den Sinn, mit denen er dieselben Vorstellungen aufruft[223]). Sie geben, nach der Schilderung des *consensus omnium,* das augusteische Programm. Und sie geben es, wenn die zuvor geäußerte Auffassung zutrifft, aus des Kaisers eignem Mund. Da heißt es: *finita vicesimo anno bella civilia, sepulta externa, revocata pax, sopitus ubique armorum furor, restituta vis legibus, iudiciis auctoritas, senatui maiestas, imperium magistratuum ad pristinum redactum modum.* Und weiter: *prisca illa et antiqua rei publicae forma rediit cultus agris, sacris honos, securitas hominibus, certa cuique rerum suarum posessio.* Aber Dichter und Kaiser, wenn anders dieser hier spricht, begegnen sich nicht nur in dieser Schilderung. Wie mit ihr bei Velleius und damit bei Augustus der *consensus universorum* oder richtiger ihre „Gebete" verbunden sind, so auch bei Horaz. Gelegentlich berühren sich die beiderseitigen Prägungen — verwandt auch dadurch, daß es sich gleichfalls um eine Rückkehr des Herrschers[224]) handelt, bis in den Wortlaut[225]). Zum Schluß macht sich Horaz — als einer unter den Vielen — zum Sprecher des Empfindens der Gesamtheit, ihrer Wünsche und Hoffnungen — am großartigsten[226]):

„longas o utinam, dux bone, ferias,
praestes Hesperiae, dicimus integro
sicci mane die, dicimus uvidi
cum sol Oceano subest.

217) 4, 15, 9 f.
218) 4, 5, 25 f.; 4, 15, 6 f.; 21 f.
219) 4, 5, 17 f.; 29 f.
220) 4, 5, 14 f.
221) 4, 5, 21 f.
222) 4, 15, 14 f.
223) 2, 89, 3—4.
224) Vell. 2, 89, 2 *post reditum in urbem.*
225) c. 4, 5, 13 *votis omnibus et precibus vocat;* Vell. 2, 89, 2 *nihil deinde optare a dis homines . . . nihil voto concipi.*
226) 4, 5, 37 f.

Register

GESAMTVERZEICHNIS

SAMMLUNG GÖSCHEN

DAS WISSEN DER WELT IN KURZEN KLAREN, ALLGEMEINVERSTÄNDLICHEN EINZELDARSTELLUNGEN NACH DEN LEHRPLÄNEN DER DEUTSCHEN UNIVERSITÄTEN UND HOCHSCHULEN AUFGEBAUT

JEDER BAND DM 2,40

DOPPELBAND DM 4,80

STAND JANUAR 1956

WALTER DE GRUYTER & CO.

BERLIN W 35

INHALTSVERZEICHNIS

Geisteswissenschaften

Philosophie

Einführung in die Philosophie von *H. Leisegang*. 2. Auflage. 145 Seiten. 1953. . . . . Bd. 281

Erkenntnistheorie von *G. Kropp*. 1. Teil: Allgemeine Grundlegung. 143 Seiten. 1950 . . . . Bd. 807

Hauptprobleme der Philosophie von *G. Simmel†*. 7., unveränd. Auflage. 177 Seiten. 1950 . . . . Bd. 500

Geschichte der Philosophie

I: Die griechische Philosophie von *W. Capelle*. 1. Teil. Von Thales bis Leukippos. 2., erweiterte Auflage. 135 Seiten. 1953 . . . . Bd. 857

II: Die griechische Philosophie von *W. Capelle*. 2. Teil. Von der Sophistik bis zum Tode Platons. 2., stark erweiterte Auflage. 144 Seiten 1953 . . . . . Bd. 858

III: Die griechische Philosophie von *W. Capelle*. 3. Teil. Vom Tode Platons bis zur Alten Stoa. 2., stark erweiterte Auflage. 132 Seiten. 1954 . . . . . Bd. 859

IV: Die griechische Philosophie von *W. Capelle*. 4. Teil. Von der Alten Stoa bis zum Eklektizismus im 1. Jahrhundert v. Chr. 2., stark erweiterte Auflage. 132 Seiten. 1954 . . . . Bd. 863

V: Die Philosophie des Mittelalters von *J. Koch*. In Vorbereitung . . . . Bd. 826

VI: Von der Renaissance bis Kant von *K. Schilling*. 234 Seiten. 1954 . . . . Bd. 394/394a

VII: Immanuel Kant von *G. Lehmann*. In Vorbereitung. Bd. 536

VIII: Die Philosophie des 19. Jahrhunderts von *G. Lehmann*. 1. Teil. 151 Seiten. 1953 . . . . Bd. 571

IX: Die Philosophie des 19. Jahrhunderts von *G. Lehmann*. 2. Teil. 168 Seiten. 1953 . . . . Bd. 709

X: Die Philosophie im ersten Drittel des 20. Jahrhunderts von *G. Lehmann*. In Vorbereitung . . . . . . Bd. 845

Die geistige Situation der Zeit (1931) von *K. Jaspers*. 3., unveränderter Abdruck der 1932 bearbeiteten 5. Auflage. 211 Seiten. 1953. Zur Zeit nur Ganzleinen DM 4,80 Bd. 1000

Philosophisches Wörterbuch von *M. Apel †*. 4., unveränderte Auflage. 260 Seiten. 1953 . . . . Bd. 1031

Philosophische Anthropologie von *M. Landmann*. 266 Seiten. 1955 . . . . Bd. 156/156a

Pädagogik · Psychologie · Soziologie

Geschichte der Pädagogik von *H. Weimer*. 11., neubearbeitete und vermehrte Auflage. 176 Seiten. 1954 . . . . Bd. 145

Therapeutische Psychologie. Freud — Adler — Jung von *W. M. Kranefeldt*. Mit einer Einführung von *C. G. Jung*. 2. Auflage. 152 Seiten. 1950 . . . . Bd. 1034

Sozialpsychologie von *P. R. Hofstätter*. 1956. In Vorbereitung Bd. 104/104a

Psychologie des Berufs- und Wirtschaftslebens von *W. Moede*. 1956. In Vorbereitung . . . . Bd. 851

Soziologie. Geschichte und Hauptprobleme von *L. von Wiese*. 5. Auflage. 162 Seiten. 1954 . . . . Bd. 101

Industrie- und Betriebssoziologie von *R. Dahrendorf*. 118 Seiten. 1956 . . . . Bd. 103

Religionswissenschaften

Jesus von *M. Dibelius †*. 2. Auflage. Unveränderter Nachdruck. 137 Seiten. 1949 . . . . Bd. 1130

Paulus von *M. Dibelius †*. Nach dem Tode des Verfassers herausgegeben und zu Ende geführt von *W. G. Kümmel*. 2. Auflage. 155 Seiten. 1956 . . . . Bd. 1160

Musik

Musikästhetik von *H. J. Moser*. 180 Seiten. 1953 . . . . Bd. 344

Systematische Modulation von *R. Henried*. 2. Auflage. 136 Seiten. 1950 . . . . Bd. 1094

Der polyphone Satz von *E. Pepping*. 1. Teil: Der cantus-firmus-Satz. 2. Auflage. 223 Seiten. 1950 . . . . Bd. 1148

Harmonielehre von *H. J. Moser*.
I: 109 Seiten. 1954 . . . . Bd. 809

Technik der deutschen Gesangskunst von *H. J. Moser*. Dritte, durchges. u. verbesserte Auflage. 144 Seiten mit 5 Fig. 1954 . . . . Bd. 576/576a

Die Kunst des Dirigierens von *H. W. von Waltershausen †*. 2. Auflage. 138 Seiten. 1954 . . . . Bd. 1147

Die Technik des Klavierspiels aus dem Geiste des musikalischen Kunstwerkes von *K. Schubert †*. 3. Auflage. 110 Seiten. 1954 . . . . Bd. 1045

Die Musik des 19. Jahrhunderts von *W. Oehlmann*. 180 Seiten. 1953 . . . . Bd. 170

Allgemeine Musiklehre von *H. J. Moser*.
2., durchges. Auflage. 155 Seiten. 1955 . . . . . Bd. 220/220a

Kunst

Stilkunde von *H. Weigert*.
I: Vorzeit, Antike, Mittelalter. 2. Auflage. 136 Seiten. Mit 94 Abbildungen. 1953 . . . . Bd. 80
II: Spätmittelalter und Neuzeit. 2. Auflage. 146 Seiten. Mit 84 Abbildungen. 1953 . . . . Bd. 781

Archäologie von *A. Rumpf*.
I: Einleitung, historischer Überblick. 143 Seiten mit 6 Abbildungen im Text und 12 Tafeln. 1953 . . . . . Bd. 538
II: Die Archäologensprache. Die antiken Reproduktionen. 136 Seiten mit 7 Abbildungen im Text und 12 Tafeln. 1956 . . . . Bd. 539

Geschichte

Einführung in die Geschichtswissenschaft von *P. Kirn*. 2. Auflage. 121 Seiten. 1952 . . . . Bd. 270

Kultur der Urzeit von *F. Behn*. 4. Auflage der „Kultur der Urzeit". Band I—III von *M. Hoernes*.
I: Die vormetallischen Kulturen. (Die Steinzeiten Europas. Gleichartige Kulturen in anderen Erdteilen). 172 Seiten mit 48 Abbildungen. 1950 . . . . Bd. 564
II: Die älteren Metallkulturen. (Der Beginn der Metallbenutzung. Kupfer- und Bronzezeit in Europa, im Orient und in Amerika). 160 Seiten mit 67 Abbildungen. 1950 Bd. 565
III: Die jüngeren Metallkulturen. (Das Eisen als Kulturmetall. Hallstatt-Latène-Kultur in Europa. Das erste

Auftreten des Eisens in den anderen Erdteilen). 149 Seiten mit 60 Abbildungen. 1950 . . . . Bd. 566

Vorgeschichte Europas von *F. Behn*. Völlig neue Bearbeitung der 7. Auflage der „Urgeschichte der Menschheit" von *M. Hoernes*. 125 Seiten mit 47 Abbildungen. 1949 . . Bd. 42

Von den Karolingern zu den Staufern von *J. Haller*. Die altdeutsche Kaiserzeit (900—1250). 3. Auflage. 141 Seiten mit 4 Karten. 1944 . . . . Bd. 1065

Deutsche Geschichte im Zeitalter der Reformation, der Gegenreformation und des 30jährigen Krieges von *F. Hartung*. 129 Seiten. 1951 . . . . Bd. 1105

Deutsche Geschichte von 1648 bis zur Gegenwart von *W. Treue* (4 Bände). In Vorbereitung . . . . Bd. 35

Quellenkunde der deutschen Geschichte im Mittelalter (bis zur Mitte des 15. Jahrhunderts) von *K. Jacob †*.

I: Einleitung. Allgemeiner Teil. Die Zeit der Karolinger. 5. Auflage. 118 Seiten. 1949 . . . . Bd. 279

II: Die Kaiserzeit (911—1250). 4. Auflage. 127 Seiten. 1949 . . . . Bd. 280

III: Das Spätmittelalter (vom Interregnum bis 1500). Unter Verwendung der Hinterlassenschaft herausgegeben von *F. Weden*. 152 Seiten. 1952 . . . . Bd. 284

Badische Geschichte von *A. Krieger*. 137 Seiten. 1921 . . . Bd. 230

Geschichte Englands von *H. Preller*.

I: bis 1815. 3., stark umgearbeitete Auflage. 135 Seiten mit 7 Stammtafeln und 2 Karten im Text. 1952. . . . Bd. 375

II: von 1815 bis 1910. 2., völlig umgearb. Auflage. 118 S. mit 1 Stammtafel und 7 Karten im Text. 1954 . . Bd. 1088

Geschichte der Vereinigten Staaten von Amerika von *O. Graf zu Stolberg-Wernigerode*. 192 Seiten mit 10 Karten im Text. 1956. . . . . Bd. 1051/1051a

Deutsche Sprache und Literatur

Deutsches Rechtschreibungswörterbuch von *M. Gottschald*. 2., verbesserte Auflage. 269 Seiten. 1953 . . . . Bd. 200/200a

Deutsche Wortkunde von *A. Schirmer*. Eine kulturgeschichtliche Betrachtung des deutschen Wortschatzes. 3., durchgesehene Auflage. 109 Seiten. 1949 . . . . Bd. 929

Deutsche Sprachlehre von *W. Hofstaetter*. 9., neubearbeitete Auflage von *G. Spree*. 144 Seiten. 1953 . . . . Bd. 20

Stimmkunde für Beruf, Kunst und Heilzwecke von *H. Biehle*. 111 Seiten. 1955 . . . . Bd. 60

Redetechnik von *H. Biehle*. Einführung in die Rhetorik. 115 Seiten. 1954 . . . . Bd. 61

Sprechen und Sprachpflege von *H. Feist*. (Die Kunst des Sprechens). 2., verbesserte Auflage. 99 Seiten mit 25 Abbildungen. 1952 . . . . Bd. 1122

Der Nibelunge Nôt in Auswahl mit kurzem Wörterbuch von *K. Langosch*. 9., umgearbeitete Auflage. 164 Seiten. 1953 Bd. 1

Deutsches Dichten und Denken von der germanischen bis zur staufischen Zeit von *H. Naumann*. (Deutsche Literaturgeschichte vom 5.—13. Jahrhundert). 2., verbesserte Auflage. 166 Seiten. 1952 . . . . Bd. 1121

Deutsches Dichten und Denken vom Mittelalter zur Neuzeit von *G. Müller* (1270—1700). 2., durchgesehene Auflage. 159 Seiten. 1949 . . . . Bd. 1086

Die deutschen Personennamen von *M. Gottschald*. 2., verbesserte Auflage. 151 Seiten. 1955 . . . . Bd. 422
Althochdeutsches Elementarbuch von *H. Naumann †* und *W. Betz*. 2. Auflage. 156 Seiten. 1954. . . . . Bd. 1111
Mittelhochdeutsche Grammatik von *H. de Boor* und *R. Wisniewski*. 139 Seiten. 1956 . . . . Bd. 1108

Indogermanisch · Germanisch

Gotisches Elementarbuch von *H. Hempel*. Grammatik, Texte mit Übersetzung und Erläuterungen. 2., umgearbeitete Auflage. 165 Seiten. 1953 . . . . Bd. 79
Germanische Sprachwissenschaft von *H. Krahe*.
I: Einleitung und Lautlehre. 3. Auflage. In Vorbereitung Bd. 238
II: Formenlehre. 2. Auflage. 140 Seiten .1948 . . . . . Bd. 780
Altnordisches Elementarbuch von *F. Ranke*. Schrifttum, Sprache, Texte mit Übersetzung und Wörterbuch. 2., durchgesehene Auflage. 146 Seiten. 1949 . . . . Bd. 1115

Englisch · Französisch · Italienisch

Altenglisches Elementarbuch von *M. Lehnert*. Einführung, Grammatik, Texte mit Übersetzung und Wörterbuch. 3., verbesserte Auflage. 178 Seiten. 1955 . . . . . . Bd. 1125
Historische neuenglische Laut- und Formenlehre von *E. Ekwall*. 3., durchgesehene Auflage. 150 Seiten. 1956 . . Bd. 735
Englische Literaturgeschichte.
I: Die alt- und mittelenglische Periode von *F. Schubel*. 163 Seiten. 1954 . . . . Bd. 1114
II: Von der Renaissance bis zur Aufklärung von *Paul Meissner †*. 139 Seiten. 1937 . . . . Bd. 1116
III: Romantik und Viktorianismus von *Paul Meissner †*. 150 Seiten. 1938 . . . . Bd. 1124
IV: Das 20. Jahrhundert von *Paul Meissner †*. 150 Seiten. 1939 . . . . Bd. 1136
Beowulf von *M. Lehnert*. Eine Auswahl mit Einführung, teilweiser Übersetzung, Anmerkungen und etymologischem Wörterbuch. 2., verbesserte Auflage. 135 Seiten. 1949 Bd. 1135
Shakespeare von *P. Meissner †*. 2. Auflage, neubearbeitet von *M. Lehnert*. 136 Seiten. 1954 . . . . Bd. 1142
Romanische Sprachwissenschaft von *H. Lausberg*.
I: Einleitung und Vokalismus. 160 Seiten. 1956 . . Bd. 128/128a
II: Konsonantismus. 95 Seiten. 1956 . . . . Bd. 250
Italienische Literaturgeschichte von *K. Vossler †*. Unveränderter Nachdruck der 1927 erschienenen 4., durchgesehenen und verbesserten Auflage. 148 Seiten. 1948 Bd. 125

Griechisch · Lateinisch

Griechische Sprachwissenschaft von *W. Brandenstein*.
I: Einleitung, Lautsystem, Etymologie. 160 Seiten. 1954 Bd. 117
II: In Vorbereitung . . . . Bd. 118
Geschichte der griechischen Sprache
I: Bis zum Ausgang der klassischen Zeit. Von *O. Hoffmann †*. 3., umgearbeitete Auflage von *A. Debrunner*. 156 Seiten. 1954 . . . . Bd. 111
II: Grundfragen und Grundzüge d. nachklass. Griechisch. Von *A. Debrunner*. 144 Seiten. 1954 . . . . Bd. 114

Geschichte der griechischen Literatur von *W. Nestle*. 2., verbesserte Auflage.
I: Von den Anfängen bis auf Alexander d. Gr. 148 Seiten. 1950 . . . . Bd. 70
II: Von Alexander d. Gr. bis zum Ausgang der Antike. 128 Seiten. 1948 . . . . Bd. 557
Geschichte der lateinischen Sprache von *F. Stolz †*. 3., stark umgearbeitete Auflage von *A. Debrunner*. 136 Seiten. 1953 . . . . Bd. 492

Hebräisch · Sanskrit · Russisch

Hebräische Grammatik von *G. Beer †*. 2., völlig neubearbeitete Auflage von *R. Meyer*.
I: Schrift-, Laut- und Formenlehre I. 157 Seiten. 1952. Bd. 763/763a
II: Schrift-, Laut- und Formenlehre II. 195 Seiten. 1955 . . . . Bd. 764/764a
Sanskrit-Grammatik von *M. Mayrhofer*. 89 Seiten. 1953 . . Bd. 1158
Russische Grammatik von *G. Berneker*. 6., unveränderte Auflage von *M. Vasmer*. 155 Seiten. 1947 . . . . Bd. 66

Erd- und Länderkunde

Afrika von *F. Jaeger*. Ein geographischer Überblick. 2., umgearbeitete Auflage.
I: Der Lebensraum. 179 Seiten mit 18 Abbildungen. 1954 Bd. 910
II: Mensch und Kultur. 155 Seiten mit 6 Abbildungen. 1954 Bd. 911
Iberoamerika von *O. Quelle*. In Vorbereitung . . . . Bd. 856
Australien und Ozeanien von *H. J. Krug*. 176 Seiten mit 46 Skizzen. 1953 . . . . Bd. 319
Kartenkunde von *M. Eckert-Greifendorff †*. 3., durchgesehene Auflage von *W. Kleffner*. 149 Seiten mit 63 Abb. 1950 Bd. 30

Volkswirtschaft · Publizistik

Allgemeine Betriebswirtschaftslehre von *K. Mellerowicz*. 9., unveränderte Auflage. 1956.
I: 142 Seiten . . . . Bd. 1008
II: 112 Seiten. . . . . Bd. 1153
III: 143 Seiten. . . . . Bd. 1154
Allgemeine Volkswirtschaftslehre von *A. Paulsen*.
I: Grundlegung, Wirtschaftskreislauf. 138 Seiten mit 11 Abbildungen. 1956. . . . . Bd. 1169
II: Haushalte, Unternehmungen, Marktformen. In Vorbereitung . . . . Bd. 1170
III: Produktionsfaktoren, Geldwesen. In Vorbereitung . . Bd. 1171
IV: Konjunktur, Außenhandel, staatliche Aktivität. In Vorbereitung . . . . Bd. 1172
Zeitungslehre von *E. Dovifat*. 3., neubearbeitete Auflage. 1955.
I: Theoretische und rechtliche Grundlagen, Nachricht und Meinung, Sprache und Form. 148 Seiten. 1955 . . . . Bd. 1039
II: Redaktion, Die Sparten, Verlag und Vertrieb, Wirtschaft und Technik, Sicherung der öffentlichen Aufgabe. 158 Seiten. 1955 . . . . Bd. 1040

Naturwissenschaften

Mathematik

Geschichte der Mathematik von *J. E. Hofmann.*
I: Von den Anfängen bis zum Auftreten von Fermat und Descartes. 200 Seiten. 1953 . . . . Bd. 226

Mathematische Formelsammlung von *F. Ringleb.* Vollständig umgearbeitete Neuausgabe des Werkes von *O. Th. Bürklen.* 6., durchgesehene Aufl. 274 Seiten mit 57 Figuren. 1956. In Vorbereitung . . . . Bd. 51

Fünfstellige Logarithmen von *A. Adler.* Mit mehreren graphischen Rechentafeln und häufig vorkommenden Zahlwerten. 2. Auflage. Neudruck. 127 Seiten mit 1 Tafel. 1949 . . . . Bd. 423

Höhere Algebra von *H. Hasse.* 3., verbesserte Auflage.
I: Lineare Gleichungen. 152 Seiten. 1951 . . . . Bd. 931
II: Gleichungen höheren Grades. 158 Seiten mit 5 Figuren. 1951 . . . . Bd. 932

Aufgabensammlung zur höheren Algebra von *H. Hasse* und *W. Klobe.* 2., verbesserte und vermehrte Auflage. 181 Seiten. 1952 . . . . Bd. 1082

Elementare und klassische Algebra vom modernen Standpunkt von *W. Krull.* 2., erweiterte Auflage.
I: 136 Seiten. 1952 . . . . Bd. 930

Einführung in die Zahlentheorie von *A. Scholz †.* 2. Auflage, überarbeitet von *B. Schoeneberg.* 128 Seiten. 1955 . . . Bd. 1131

Elemente der Funktionentheorie von *K. Knopp.* 4. Auflage. 144 Seiten mit 23 Fig. 1955 . . . . Bd. 1109

Funktionentheorie von *K. Knopp.* 8. Auflage.
I: Grundlagen der allgemeinen Theorie der analytischen Funktionen. 139 Seiten mit 8 Fig. 1955 . . . . Bd. 668
II: Anwendungen und Weiterführung der allgemeinen Theorie. 130 Seiten mit 7 Fig. 1955 . . . . Bd. 703

Aufgabensammlung zur Funktionentheorie von *K. Knopp.* 4. Auflage.
I: Aufgaben zur elementaren Funktionentheorie. 135 Seiten. 1949 . . . . Bd. 877
II: Aufgaben zur höheren Funktionentheorie. 151 Seiten. 1949 . . . . Bd. 878

Repetitorium und Aufgabensammlung zur Differentialrechnung von *A. Witting †.* 2., neubearbeitete Auflage. Durchgesehener Neudruck. 145 Seiten. 1949 . . . . Bd. 146

Repetitorium und Aufgabensammlung zur Integralrechnung von *A. Witting †.* 2., neubearbeitete Auflage. Durchgesehener Neudruck. 121 Seiten mit 32 Figuren und 309 Beispielen. 1949 . . . . Bd. 147

Gewöhnliche Differentialgleichungen von *G. Hoheisel.* 4., neubearbeitete Auflage. 129 Seiten. 1951 . . . . Bd. 920

Partielle Differentialgleichungen von *G. Hoheisel.* 3., neubearbeitete Auflage. 130 Seiten. 1953 . . . . Bd. 1003

Aufgabensammlung zu den gewöhnlichen und partiellen Differentialgleichungen von *G. Hoheisel.* 2., umgearbeitete Auflage. 124 Seiten. 1952 . . . . Bd. 1059

Mengenlehre von *E. Kamke,* 3., neubearbeitete Auflage. 194 Seiten mit 6 Figuren. 1955 . . . . Bd. 999/999a

Darstellende Geometrie von *W. Haack.*
I: Die wichtigsten Darstellungsmethoden. Grund- und Aufriß ebenflächiger Körper. 110 Seiten mit 117 Abbildungen. 1954 . . . . Bd. 142
II: Körper mit krummen Begrenzungsflächen. Kotierte Projektionen. 129 Seiten mit 86 Abbildungen. 1954 . . Bd. 143
III: Axonometrie. Perspektive. Photogrammetrie. In Vorbereitung . . . . Bd. 144

Sammlung von Aufgaben und Beispielen zur analytischen Geometrie der Ebene von *R. Haussner †.* Mit den vollständigen Lösungen. 139 Seiten mit 22 Figuren im Text. Neudruck. 1949 . . . . Bd. 256

Nichteuklidische Geometrie von *R. Baldus †.* Hyperbolische Geometrie der Ebene. 3., verbesserte Auflage, durchgesehen und herausgegeben von *F. Löbell.* 140 Seiten mit 70 Figuren im Text. 1953 . . . . Bd. 970

Differentialgeometrie von *K. Strubecker* (früher Rothe).
I: Kurventheorie der Ebene und des Raumes. 150 Seiten mit 18 Figuren. 1955 . . . . Bd. 1113/1113a

Einführung in die konforme Abbildung von *L. Bieberbach.* 4. Auflage. 147 Seiten mit 42 Zeichnungen. 1949 . . . Bd. 768

Vektoranalysis von *S. Valentiner.* Neudruck der 7. Auflage (1950). 138 Seiten mit 19 Figuren. 1954 . . . . Bd. 354

Vermessungskunde von *P. Werkmeister.*
I: Stückmessung und Nivellieren. 9. Auflage. 165 Seiten mit 145 Figuren. 1949 . . . . Bd. 468
II: Messung von Horizontalwinkeln. Festlegung von Punkten im Koordinatensystem. Absteckungen. 7. Auflage. 151 Seiten mit 93 Figuren. 1949 . . . . Bd. 469
III: Trigonometrische und barometrische Höhenmessung. Tachymetrie und Topographie. 6. Auflage. 147 Seiten mit 64 Figuren. 1949 . . . . Bd. 862

Versicherungsmathematik von *F. Böhm.*
I: Elemente der Versicherungsrechnung. 3., vermehrte und verbesserte Auflage. Durchgesehener Neudruck. 151 Seiten. 1954 . . . . Bd. 180
II: Lebensversicherungsmathematik. Einführung in die technischen Grundlagen der Sozialversicherung. 2., verbesserte Auflage. 205 Seiten. 1953 . . . . Bd. 917/917a

Physik

Einführung in die theoretische Physik von *W. Döring.*
I: Mechanik. 119 Seiten mit 29 Abbildungen. 1954 . . Bd. 76
II: Das elektromagnetische Feld. 123 Seiten mit 15 Abbildungen. 1955 . . . . Bd. 77
III: Optik. 117 Seiten mit 32 Abbildungen. 1956 . . . . Bd. 78
IV: Thermodynamik. Mit 9 Abbildungen. In Vorbereitung Bd. 374

Atomphysik von *K. Bechert* u. *Ch. Gerthsen.* 3., umgearb. Aufl.
I: Allgemeine Grundlagen. I. Teil von *Ch. Gerthsen.* 123 Seiten mit 35 Abbildungen. 1955 . . . . Bd. 1009
II: Allgemeine Grundlagen. II. Teil von *Ch. Gerthsen.* 112 Seiten mit 48 Abbildungen. 1955 . . . . Bd. 1033
III: Theorie des Atombaus. I. Teil von *K. Bechert.* 148 Seiten mit 16 Abbildungen. 1954 . . . . . Bd. 1123/1123a
IV: Theorie des Atombaus. 2. Teil von *K. Bechert.* 170 Seiten mit 14 Abbildungen. 1954 . . . . Bd. 1165/1165a

Differentialgleichungen der Physik von *F. Sauter*. 2. Auflage. 148 Seiten mit 16 Figuren. 1950 . . . . Bd. 1070

Physikalische Formelsammlung von *G. Mahler* und *K. Mahler*. 9., durchgesehene Auflage. 153 Seiten mit 69 Figuren. 1955 . . . . Bd. 136

Physikalische Aufgabensammlung von *G. Mahler* u. *K. Mahler*. Mit den Ergebnissen. 8., durchgesehene Auflage. 127 Seiten. 1955 . . . . Bd. 243

Chemie

Geschichte der Chemie von *G. Lockemann*. In kurzgefaßter Darstellung.

- I: Vom Altertum bis zur Entdeckung des Sauerstoffs. 142 Seiten mit 8 Bildnissen. 1950 . . . . Bd. 264
- II: Von der Entdeckung des Sauerstoffs bis zur Gegenwart. 151 Seiten mit 16 Bildnissen. 1955 . . . . Bd. 265/265a

Anorganische Chemie von *W. Klemm*. 8. Auflage. 184 Seiten mit 18 Abbildungen. 1954 . . . . Bd. 37

Organische Chemie von *W. Schlenk*. 6., erweiterte Auflage. 263 Seiten. 1954 . . . . Bd. 38/38a

Allgemeine und physikalische Chemie von *W. Schulze*. 4., neubearbeitete Auflage.

- I: 139 Seiten mit 10 Figuren. 1955 . . . . Bd. 71
- II: 177 Seiten mit 37 Figuren. 1956 . . . . Bd. 698/698a
- III: 1956. In Vorbereitung . . . . Bd. 786

Analytische Chemie von *J. Hoppe*. 5., verbesserte Auflage.

- I: Reaktionen. 135 Seiten. 1950 . . . . Bd. 247
- II: Gang der qualitativen Analyse. 166 Seiten. 1950 . . Bd. 248

Maßanalyse von *G. Jander* und *K. J. Jahr*. Theorie und Praxis der klassischen und der elektrochemischen Titrierverfahren. 7. Auflage.

- I: Grundlagen. Oxydations- und Reduktionsanalysen. In Vorbereitung . . . . Bd. 221
- II: Neutralisations- und Fällungsanalysen. In Vorbereitung Bd. 1002
- III: Komplexometrie. Konduktometrie. Potentiometrie. In Vorbereitung . . . . Bd. 1004

Thermochemie von *W. A. Roth*. 2., verbesserte Auflage. 109 Seiten mit 16 Figuren. 1952 . . . . Bd. 1057

Physikalisch-chemische Rechenaufgaben von *E. Asmus*. 2. Auflage. 96 Seiten. 1949 . . . . Bd. 445

Stöchiometrische Aufgabensammlung von *W. Bahrdt* und *R. Scheer*. Mit den Ergebnissen. 5., verbesserte Auflage. 120 Seiten. 1952 . . . . Bd. 452

Elektrochemie und ihre physikalisch-chemischen Grundlagen von *A. Dassler*.

- I: 149 Seiten mit 21 Abbildungen. 1950. . . . . Bd. 252
- II: 178 Seiten mit 17 Abbildungen. 1950. . . . . Bd. 253

Technologie

Warenkunde von *K. Hassak†* und *E. Beutel†*. 7. Auflage. Neubearbeitet von *A. Kutzelnigg*.

- I: Anorganische Waren sowie Kohle und Erdöl. 116 Seiten mit 19 Figuren. 1947 . . . . Bd. 222
- II: Organische Waren. 143 Seiten mit 32 Figuren. 1949 . Bd. 223

Die Fette und Öle von *K. Braun†*. 5., völlig neubearbeitete und verbesserte Auflage von *Th. Klug*. 145 Seiten. 1950 Bd. 335

Die Seifenfabrikation von *K. Braun†*. 3., neubearbeitete und verbesserte Auflage von *Th. Klug*. 116 Seiten mit 18 Abbildungen. 1953 . . . . Bd. 336

Textilindustrie.
I: Spinnerei und Zwirnerei von *A. Blümcke*. 112 Seiten mit 43 Abbildungen. 1954 . . . . Bd. 184

Biologie

Einführung in die allgemeine Biologie von *M. Hartmann*. In Vorbereitung . . . . Bd. 96

Hormone von *G. Koller*. 2., neubearbeitete und erweiterte Auflage. 187 Seiten mit 60 Abb. und 19 Tabellen. 1949 . Bd. 1141

Fortpflanzung im Tier- und Pflanzenreich von *J. Hämmerling*. 2., ergänzte Auflage. 135 Seiten mit 101 Abb. 1951 . Bd. 1138

Geschlecht und Geschlechtsbestimmung im Tier- und Pflanzenreich von *M. Hartmann*. 2., verbesserte Auflage. 116 Seiten mit 61 Abbildungen und 7 Tabellen. 1951. . Bd. 1127

Grundriß der allgemeinen Mikrobiologie von *W. Schwartz*.
I: 104 Seiten mit 17 Abbildungen. 1949. . . . . Bd. 1155
II: 93 Seiten mit 12 Abbildungen. 1949. . . . . Bd. 1157

Symbiose der Tiere mit pflanzlichen Mikroorganismen von *P. Buchner*. 2., verbesserte und vermehrte Auflage. 130 Seiten mit 121 Abbildungen. 1949 . . . . Bd. 1128

Botanik

Entwicklungsgeschichte des Pflanzenreiches von *H. Heil*. 2. Auflage. 138 Seiten mit 94 Abbildungen und 1 Tabelle. 1950 Bd. 1137

Morphologie der Pflanzen von *L. Geitler*. 3. Auflage. 126 Seiten mit 114 Abbildungen. 1953 . . . . Bd. 141

Pflanzenzüchtung von *H. Kuckuck*. 3., völlig umgearbeitete Auflage.
I: Grundzüge der Pflanzenzüchtung. 132 Seiten mit 22 Abbildungen. 1952 . . . . Bd. 1134

Die Laubhölzer von *F. W. Neger†* und *E. Münch†*. Kurzgefaßte Beschreibung der in Mitteleuropa gedeihenden Laubbäume und Sträucher. 3., durchgesehene Auflage, herausgegeben von *B. Huber*. 143 Seiten mit 63 Figuren und 7 Tabellen. 1950 . . . . Bd. 718

Die Nadelhölzer (Koniferen) und übrigen Gymnospermen von *F. W. Neger†* und *E. Münch†*. 4. Auflage. Durchgesehen und ergänzt von *B. Huber*. 140 Seiten mit 75 Figuren, 4 Tabellen und 3 Karten. 1952 . . . . Bd. 355

Zoologie

Entwicklungsphysiologie der Tiere von *F. Seidel*.
I: Ei und Furchung. 126 Seiten mit 29 Abbildungen. 1953 . . . . Bd. 1162
II: Körpergrundgestalt und Organbildung. 159 Seiten mit 42 Abbildungen. 1953 . . . . Bd. 1163

Das Tierreich.
Fische von *D. Lüdemann*. 130 Seiten mit 65 Abbildungen. 1955 . . . . Bd. 356
Insekten von *H. von Lengerken*. 128 Seiten mit 58 Abbildungen. 1953 . . . . Bd. 594

Lurche von *K. Herter*. 140 Seiten mit 129 Abbild. 1955 Bd. 847
Spinnentiere von *A. Kaestner*. 96 S. mit 55 Abb. 1955 Bd. 1161
Würmer von *S. Jaeckel*. 112 Seiten mit 36 Abbild. 1955 Bd. 439
Weichtiere von *S. Jaeckel*. 92 Seiten mit 34 Abbildungen. 1954 . . . . Bd. 440
Stachelhäuter von *S. Jaeckel*. 100 Seiten mit 46 Abbildungen. 1955 . . . . Bd. 441
Schwämme und Hohltiere von *H. J. Hannemann*. 95 Seiten mit 80 Abbildungen. 1956 . . . . Bd. 442
Krebse von *H. E. Gruner* und *K. Deckert*. Mit 43 Abbildungen. 1956. In Vorbereitung . . . . Bd. 443
Protozoa von *E. Reichenow*. 1956. In Vorbereitung Bd. 444

Vergleichende Physiologie der Tiere von *K. Herter*. 3. Auflage der „Tierphysiologie".
I: Stoff- und Energiewechsel. 155 Seiten mit 64 Abbild. 1950 . . . . Bd. 972
II: Bewegung und Reizerscheinungen. 148 Seiten mit 110 Abbildungen. 1950 . . . . Bd. 973

Land- und Forstwirtschaft

Landwirtschaftliche Tierzucht von *H. Vogel*. Die Züchtung und Haltung der landwirtschaftlichen Nutztiere. 139 Seiten mit 11 Abbildungen. 1952 . . . . Bd. 228

Kulturtechnische Bodenverbesserungen von *O. Fauser*. 4., neubearbeitete Auflage.
I: Allgemeines, Entwässerung. 122 Seiten mit 47 Abbildungen. 1947 . . . . Bd. 691
II: Bewässerung, Ödlandkultur, Umlegung. 150 Seiten mit 67 Abbildungen. 1949 . . . . Bd. 692

Agrikulturchemie von *K. Scharrer*.
I: Pflanzenernährung. 143 Seiten. 1953 . . . . Bd. 329
II: Futtermittelkunde. 1956. In Vorbereitung . . . . . . Bd. 330

Geologie · Mineralogie · Kristallographie

Kristallographie von *W. Bruhns†* und *P. Ramdohr*. 4. Auflage. 106 Seiten mit 163 Abbildungen. 1954 . . . . Bd. 210

Einführung in die Kristalloptik von *E. Buchwald*. 4., verbess. Auflage. 138 Seiten mit 121 Figuren. 1952 . . . . . Bd. 619

Lötrohrprobierkunde von *M. Henglein*. Mineraldiagnose mit Lötrohr- und Tüpfelreaktion. 3., verbesserte Auflage. 91 Seiten mit 11 Figuren. 1949 . . . . Bd. 483

Mineral- und Erzlagerstättenkunde von *H. Huttenlocher †*.
I: 128 Seiten mit 34 Abbildungen. 1954. . . . . Bd. 1014
II: 156 Seiten mit 48 Abbildungen. 1954. . . . . Bd. 1015/1015a

Allgemeine Mineralogie von *R. Brauns †* und *K. F. Chudoba*. 9., erweiterte Auflage der „Mineralogie" von *Brauns-Chudoba*. 104 Seiten mit 107 Figuren, 1 Tafel, 2 Tabellen. 1955 . . . . Bd. 29

Spezielle Mineralogie von *R. Brauns †* und *K. F. Chudoba*. 9., erweiterte Auflage der „Mineralogie" von *Brauns-Chudoba*. 133 Seiten mit 105 Figuren. 1955 . . . . . Bd. 31

Petrographie. Von *W. Bruhns†* und *P. Ramdohr*. 4., durchgesehene Auflage. 104 Seiten mit 10 Figuren. 1955 . . Bd. 173

Geologie von *F. Lotze*. 176 Seiten mit 80 Abbildungen. 1955 . . Bd. 13

Technik

Elektrotechnik

Grundlagen der Elektrotechnik von *O. Mohr.* 2 Bände. In Vorbereitung . . . . Bd. 196/197

Die Gleichstrommaschine von *K. Humburg.* Durchgesehener Neudruck.
- I: 102 Seiten mit 59 Abbildungen. 1949. . . . . Bd. 257
- II: 98 Seiten mit 38 Abbildungen. 1949 . . . . Bd. 881

Die synchrone Maschine von *K. Humburg.* Neudruck. 109 Seiten mit 78 Bildern. 1951 . . . . Bd. 1146

Induktionsmaschinen von *F. Unger.* 2., erweiterte Auflage. 142 Seiten mit 49 Abbildungen. 1954. . . . . Bd. 1140

Die komplexe Berechnung von Wechselstromschaltungen von *H. H. Meinke.* 160 Seiten mit 114 Abbildungen. 1949 . Bd. 1156

Theoretische Grundlagen zur Berechnung der Schaltgeräte von *F. Kesselring.* 3. Auflage. 144 Seiten mit 92 Abbildungen. 1950 . . . . Bd. 711

Einführung in die Technik selbsttätiger Regelungen von *W. zur Megede.* 1956. In Vorbereitung . . . . Bd. 714/714a

Elektromotorische Antriebe (Grundlagen für die Berechnung) von *A. Schwaiger.* 3., neubearbeitete Auflage. 96 Seiten mit 34 Abbildungen. 1952 . . . . Bd. 827

Technische Tabellen und Formeln von *W. Müller.* 4., verbesserte und erweiterte Auflage von *E. Schulze.* 152 Seiten mit 105 Figuren. 1951 . . . . Bd. 579

Überspannungen und Überspannungsschutz von *G. Frühauf.* Durchgesehener Neudruck. 122 Seiten mit 98 Abbildungen. 1950 . . . . Bd. 1132

Maschinenbau

Metallkunde. Einführendes über Aufbau, Eigenschaften und Untersuchung von Metallen und Legierungen sowie über Grundlagen des Schmelzens, des Gießens, des Verformens, der Wärmebehandlung, der Oberflächenbehandlung, der Verbinde- und Trennarbeiten von *H. Borchers.*
- I: Aufbau der Metalle und Legierungen. 3. Auflage. 1956. In Vorbereitung . . . . Bd. 432
- II: Eigenschaften. Grundzüge der Form- und Zustandsgebung. 2. Auflage. 154 Seiten mit 8 Tabellen und 100 Abbildungen. 1952 . . . . Bd. 433

Die Werkstoffe des Maschinenbaues von *A. Thum* und *C. M. Freiherr von Meysenbug.*
- I: 1956. In Vorbereitung . . . . Bd. 476

Dynamik von *W. Müller.* 2., verbesserte Auflage.
- I: Dynamik des Einzelkörpers. 128 Seiten mit 48 Figuren. 1952 . . . . Bd. 902
- II: Systeme von starren Körpern. 102 Seiten mit 41 Figuren. 1952 . . . . Bd. 903

Technische Schwingungslehre von *L. Zipperer.* 2., neubearbeitete Auflage.

I: Allgemeine Schwingungsgleichungen, einfache Schwinger. 120 Seiten mit 101 Abbildungen. 1953 . . . . . Bd. 953
II: Torsionsschwingungen in Maschinenanlagen. 102 Seiten mit 59 Abbildungen. 1955 . . . . Bd. 961/961a

Transformatoren von *W. Schäfer*. 2. Auflage mit 74 Abbildungen. 1956. In Vorbereitung . . . . Bd. 952

Werkzeugmaschinen für Metallbearbeitung von *K. P. Matthes*.
I: 110 Seiten mit 27 Abbildungen, 11 Zahlentafeln im Text und 1 Tafelanhang. 1954 . . . . Bd. 561
II: Fertigungstechnische Grundlagen der neuzeitlichen Metallbearbeitung. 101 Seiten mit 30 Abbildungen und 5 Tafeln im Text. 1955 . . . . Bd. 562

Die Maschinenelemente von *E. A. vom Ende*. 3., verbesserte Auflage. Mit 175 Figuren und 9 Tafeln. 1956. In Vorbereitung . . . . Bd. 3

Das Maschinenzeichnen mit Einführung in das Konstruieren von *W. Tochtermann*. 4. Auflage.
I: Das Maschinenzeichnen. 156 Seiten mit 77 Tafeln. 1950 Bd. 589
II: Ausgeführte Konstruktionsbeispiele. 130 Seiten mit 58 Tafeln. 1950 . . . . Bd. 590

Getriebelehre von *P. Grodzinski*. 2., neubearbeitete Auflage.
I: Geometrische Grundlagen. 159 Seiten mit 142 Figuren. 1953 . . . . Bd. 1061

Gießereitechnik von *H. Jungbluth*.
I: Eisengießerei. 126 Seiten mit 44 Abbildungen. 1951 . . Bd. 1159

Die Dampfkessel und Feuerungen einschließlich Hilfseinrichtungen in Theorie, Konstruktion und Berechnung von *W. Marcard †*. 2. Auflage. Neubearbeitet von *K. Beck*.
I: Die theoretischen Grundlagen. Wärme, Verbrennung, Wärmeübertragung. 150 Seiten mit 42 Abbildungen und 16 Tabellen. 1951 . . . . Bd. 9
II: Dampfkessel. 147 Seiten mit 43 Abbildungen. 1952 . . Bd. 521

Dampfturbinen von *C. Zietmann*. 3., verbesserte Auflage.
I: Theorie der Dampfturbinen. 140 Seiten mit 48 Abbildungen. 1955 . . . . Bd. 274
II: Die Berechnung der Dampfturbinen und die Konstruktion der Einzelteile. 134 Seiten mit 111 Abbildungen. 1956 . . . . Bd. 715
III: Ihre Wirkungsweise, Berechnung und Konstruktion. Mit 90 Abbildungen. 1956. In Vorbereitung . . . . . Bd. 716

Industrielle Kraft- und Wärmewirtschaft von *F. A. F. Schmidt*. 1956. In Vorbereitung. . . . . Bd. 318/318a

Technische Thermodynamik von *W. Nusselt*.
I: Grundlagen. 4., verbesserte Auflage. 144 Seiten mit 71 Abbildungen. 1956. In Vorbereitung . . . . Bd. 1084
II: Theorie der Wärmekraftmaschinen. Neudruck. 144 Seiten mit 87 Abbildungen und 32 Zahlentafeln. 1951 . . Bd. 1151

Autogenes Schweißen und Schneiden von *H. Niese*. 5. Auflage. Neubearbeitet von *A. Küchler*. 136 Seiten mit 71 Figuren. 1954 . . . . Bd. 499

Die elektrischen Schweißverfahren von *H. Niese*. 2. Auflage. Neubearbeitet von *H. Dienst*. 136 Seiten mit 58 Abbildungen. 1955 . . . . Bd. 1020

Hebezeuge von *G. Tafel*.
I: 2., verbesserte Auflage. 276 Seiten mit 230 Figuren. 1954 . . . . Bd. 414/414a

Wasserbau

Wasserkraftanlagen von *A. Ludin.*
I: Planung, Grundlagen und Grundzüge. 124 Seiten mit 60 Abbildungen. 1955 . . . . Bd. 665
II: In Vorbereitung . . . . Bd. 666

Verkehrswasserbau von *H. Dehnert.*
I: Entwurfsgrundlagen, Flußregelungen. 103 Seiten mit 52 Textabbildungen. 1950 . . . . Bd. 585
II: Flußkanalisierungen und Schiffahrtskanäle. 94 Seiten mit 60 Textabbildungen. 1950 . . . . Bd. 597
III: Schleusen und Hebewerke. 98 Seiten mit 70 Textabbildungen. 1950 . . . . Bd. 1152

Talsperren von *F. Tölke.* 122 Seiten mit 70 Abbildungen. 1953 Bd. 1044

Wehr- und Stauanlagen von *H. Dehnert.* 134 Seiten mit 90 Abbildungen. 1952 . . . . Bd. 965

Hoch- und Tiefbau

Festigkeitslehre von *W. Gehler †* und *W. Herberg.*
I: Elastizität, Plastizität und Festigkeit der Baustoffe und Bauteile. Durchgesehener und erweiterter Neudruck. 159 Seiten mit 18 Bildern. 1952 . . . . Bd. 1144
II: Formänderung, Platten, Stabilität und Bruchhypothesen. Bearb. von *W. Herberg* und *N. Dimitrov.* 187 Seiten mit 94 Bildern. 1955 . . . . Bd. 1145/1145a

Statik der Baukonstruktionen von *A. Teichmann.*
I: Grundlagen. 101 Seiten mit 51 Abbildungen und 8 Formentafeln. 1956 . . . . Bd. 119

Grundlagen des Stahlbetonbaus von *A. Troche.* 2., neubearbeitete und erweiterte Auflage. 208 Seiten mit 75 Abbildungen, 17 Bemessungstafeln und 20 Rechenbeispielen. 1953 . . . . Bd. 1078

Fenster, Türen, Tore aus Holz und Metall. Eine Anleitung zu ihrer guten Gestaltung, wirtschaftlichen Bemessung und handwerksgerechten Konstruktion von *W. Wickop.* 4., überarbeitete Auflage. 155 Seiten mit 95 Abbildungen 1955 . . . . Bd. 1002

Die wichtigsten Baustoffe des Hoch- und Tiefbaus von *O. Graf.* 4., verbesserte Auflage. 131 Seiten mit 63 Abbildungen. 1953 . . . . Bd. 984

Baustoffverarbeitung und Baustellenprüfung des Betons von *A. Kleinlogel.* 2., neubearbeitete und erweiterte Auflage. 126 Seiten mit 35 Abbildungen. 1951 . . . . . . Bd. 978

Heizung und Lüftung von *J. Körting †* und *W. Körting.* 8., neubearbeitete Auflage.
I: Das Wesen und die Berechnung der Heizungs- und Lüftungsanlagen. 140 Seiten mit 29 Abbildungen und 18 Zahlentafeln. 1951 . . . . Bd. 342
II: Die Ausführung der Heizungs- und Lüftungsanlagen. 152 Seiten mit 165 Abbildungen und 7 Zahlentafeln. 1954 . . . . Bd. 343

SAMMLUNG GÖSCHEN - BANDNUMMERNFOLGE

1 Langosch, Der Nibelunge Nôt
3 vom Ende, Maschinenelemente
9 Marcard-Beck, Dampfkessel I
13 Lotze, Geologie
20 Hofstaetter-Spree, Dt. Sprachlehre
29 Brauns-Chudoba, Allg. Mineralogie
30 Eckert-Greifendorff-Kleffner, Kartenkunde
31 Brauns-Chudoba, Spez. Mineralogie
35 Treue, Deutsche Geschichte
37 Klemm, Anorganische Chemie
38/38a Schlenk, Organ. Chemie
42 Behn, Vorgeschichte Europas
51 Bürklen-Ringleb, Mathematische Formelsammlung
60 Biehle, Stimmkunde
61 Biehle, Redetechnik
66 Berneker-Vasmer, Russische Grammatik
70 Nestle, Griech. Literaturgesch. I
71 Schulze, Allgem. und physikalische Chemie I
76 Döring, Einführg. i. d. theoret. Physik I
77 Döring, Einführg. i. d. theoret. Physik II
78 Döring, Einführg. i. d. theoret. Physik III
79 Hempel, Got. Elementarbuch
80 Weigert, Stilkunde I
96 Hartmann, Allg. Biologie
101 v. Wiese, Soziologie
103 Dahrendorf, Industrie- und Betriebssoziologie
104/104a Hofstätter, Sozialpsychol.
111 Hoffmann-Debrunner, Geschichte der griech. Sprache I
114 Debrunner, Geschichte der griech. Sprache II
117 Brandenstein, Griechische Sprachwissenschaft I
118 Brandenstein, Griechische Sprachwissenschaft II
119 Teichmann, Statik der Baukonstruktionen
125 Vossler, Italienische Literaturgeschichte
128/128a Lausberg, Roman. Sprachwiss. I
136 Mahler, Physikalische Formelsammlung
141 Geitler, Morphologie der Pflanzen
142 Haack, Darst. Geometrie I
143 Haack, Darst. Geometrie II
144 Haack, Darst. Geometrie III
145 Weimer, Geschichte der Pädagogik
146 Witting, Repetitorium und Aufgabensammlung zur Differentialrechnung
147 Witting, Repetitorium und Aufgabensammlung zur Integralrechnung
156/156a Landmann, Philosoph. Anthropologie
170 Oehlmann, Musik des 19. Jahrhunderts
173 Bruhns-Ramdohr, Petrographie
180 Böhm, Versicherungsmathematik I
184 Blümcke, Spinnerei und Zwirnerei
196 Mohr, Grundlagen der Elektrotechnik I
197 Mohr, Grundlagen der Elektrotechnik II
200/200a Gottschald, Dt. Rechtschreibungswörterbuch
210 Bruhns-Ramdohr, Kristallographie
220/220a Moser, Allgemeine Musiklehre
221 Jander-Jahr, Maßanalyse I
222 Hassak-Beutel, Warenkunde I
223 Hassak-Beutel, Warenkunde II
226 Hofmann, Geschichte der Mathematik I
228 Vogel, Landw. Tierzucht
230 Krieger, Bad. Geschichte
238 Krahe, German. Sprachwiss. I
243 Mahler, Physikal. Aufgabensammlung
247 Hoppe, Analytische Chemie I
248 Hoppe, Analytische Chemie II
250 Lausberg, Roman. Sprachwiss. II
252 Dassler, Elektrochemie I
253 Dassler, Elektrochemie II
256 Haussner, Aufgabensammlung zur analytischen Geometrie der Ebene
257 Humburg, Die Gleichstrommaschine I

264 Lockemann, Geschichte der Chemie I
265/265a Lockemann, Geschichte der Chemie II
270 Kirn, Einführung in die Geschichtswissenschaft
274 Zietemann, Dampfturbinen I
279 Jacob, Quellenkunde der deutschen Geschichte I
280 Jacob, Quellenkunde der deutschen Geschichte II
281 Leisegang, Einführung in die Philosophie
284 Jacob-Weden, Quellenkunde der deutschen Geschichte III
318/318a Schmidt, Industrielle Kraft- und Wärmewirtschaft
319 Krug, Australien und Ozeanien
329 Scharrer, Agrikulturchemie I
330 Scharrer, Agrikulturchemie II
335 Braun-Klug, Fette und Öle
336 Braun-Klug, Seifenfabrikation
342 Körting, Heizung und Lüftung I
343 Körting, Heizung und Lüftung II
344 Moser, Musikästhetik
354 Valentiner, Vektoranalysis
355 Neger-Münch, Nadelhölzer
356 Lüdemann, Fische
374 Döring, Einführung in die theoretische Physik IV
375 Preller, Geschichte Englands I
394/394a Schilling, Von der Renaissance bis Kant
414/414a Tafel, Hebezeuge I
422 Gottschald, Dt. Personennamen
423 Adler, Fünfstell. Logarithmen
432 Borchers, Metallkunde I
433 Borchers, Metallkunde II
439 Jaeckel, Würmer
440 Jaeckel, Weichtiere
441 Jaeckel, Stachelhäuter
442 Hannemann, Schwämme und Hohltiere
443 Gruner-Deckert, Krebse
444 Reichenow, Protozoa
445 Asmus, Physikal.-chemische Rechenaufgaben
452 Bahrdt-Scheer, Stöchiometrische Aufgabensammlung
468 Werkmeister, Vermessungskunde I
469 Werkmeister, Vermessungskunde II
476 Thum-Meysenburg, Die Werkstoffe des Maschinenbaues I
483 Henglein, Lötrohrprobierkunde
492 Stolz-Debrunner, Geschichte der lateinischen Sprache
499 Niese, Autogen. Schweißen
500 Simmel, Hauptprobleme der Philosophie
521 Marcard-Beck, Dampfkessel und Feuerungen II
536 Lehmann, Kant
538 Rumpf, Archäologie I
539 Rumpf, Archäologie II
557 Nestle, Griechische Literaturgeschichte II
561 Matthes, Werkzeugmaschinen I
562 Matthes, Werkzeugmasch. II
564 Behn, Kultur der Urzeit I
565 Behn, Kultur der Urzeit II
566 Behn, Kultur der Urzeit III
571 Lehmann, Philosophie des 19. Jahrhunderts
576/576a Moser, Gesangskunst
579 Müller-Schulze, Techn. Tabellen
585 Dehnert, Verkehrswasserbau I
589 Tochtermann, Maschinenzeichnen I
590 Tochtermann, Maschinenzeichnen II
594 Lengerken, Insekten
597 Dehnert, Verkehrswasserbau II
619 Buchwald, Kristalloptik
665 Ludin, Wasserkraftanlagen I
666 Ludin, Wasserkraftanlagen II
668 Knopp, Funktionentheorie I
691 Fauser, Kulturtechn. Bodenverbesserungen I
692 Fauser, Kulturtechn. Bodenverbesserungen II
698/698a Schulze, Allgemeine und physikalische Chemie II
703 Knopp, Funktionentheorie II
709 Lehmann, Philosophie des 19. Jahrhunderts II
711 Kesselring, Berechnung der Schaltgeräte
714/714a zur Megede, Einführung in die Technik selbsttätiger Regelungen
715 Zietemann, Dampfturbinen II
716 Zietemann, Dampfturbinen III
718 Neger-Münch, Laubhölzer
735 Ekwall, Hist. neuengl. Laut- und Formenlehre
763/763a Beer-Meyer, Hebräische Grammatik I
764/764a Beer-Meyer, Hebräische Grammatik II

768 Bieberbach, Einführung in die konforme Abbildung
780 Krahe, Germ. Sprachwiss. II
781 Weigert, Stilkunde II
786 Schulze, Molekülbau
807 Kropp, Erkenntnistheorie I
809 Moser, Harmonielehre I
826 Koch, Philosophie des Mittelalters
827 Schwaiger, Elektromotorische Antriebe
845 Lehmann, Philosophie im ersten Drittel des 20. Jahrh.
847 Herter, Lurche
851 Moede, Psychologie des Berufs- und Wirtschaftslebens
856 Quelle, Iberoamerika
857 Capelle, Griech. Philosophie I
858 Capelle, Griech. Philosoph. II
859 Capelle, Griech. Philosoph. III
862 Werkmeister, Vermessungskunde III
863 Capelle, Griech. Philosoph. IV
877 Knopp, Aufgabensammlung zur Funktionentheorie I
878 Knopp, Aufgabensammlung zur Funktionentheorie II
881 Humburg, Gleichstrommaschine II
902 Müller, Dynamik I
903 Müller, Dynamik II
910 Jaeger, Afrika I
911 Jaeger, Afrika II
917/917a Böhm, Versicherungsmathematik II
920 Hoheisel, Gewöhnliche Differentialgleichungen
929 Schirmer, Dt. Wortkunde
930 Krull, Elementare und klassische Algebra I
931 Hasse, Höhere Algebra I
932 Hasse, Höhere Algebra II
952 Schäfer, Transformatoren
953 Zipperer, Techn. Schwingungslehre I
961/961a Zipperer, Techn. Schwingungslehre II
965 Dehnert, Wehr- u. Stauanlagen
970 Baldus-Löbell, Nichteuklid. Geometrie
972 Herter, Tierphysiologie I
973 Herter, Tierphysiologie II
978 Kleinlogel, Baustoffverarbeitung und Baustellenprüfung des Betons
984 Graf, Die wichtigsten Baustoffe des Hoch- und Tiefbaus
999/999a Kamke, Mengenlehre
1000 Jaspers, Geistige Situation
1002 Jander-Jahr, Maßanalyse II
1003 Hoheisel, Partielle Differentialgleichungen
1004 Jander-Jahr, Maßanalyse III
1008 Mellerowicz, Allgemeine Betriebswirtschaftslehre I
1009 Bechert-Gerthsen, Atomphysik I
1014 Huttenlocher, Mineral- und Erzlagerstättenkunde I
1015/1015a Huttenlocher, Mineral- und Erzlagerstättenkunde II
1021 Niese-Dienst, Elektr. Schweißverfahren
1031 Apel, Philosophisches Wörterbuch
1033 Bechert-Gerthsen, Atomphysik II
1043 Kranefeldt, Therapeutische Psychologie
1039 Dovifat, Zeitungslehre I
1040 Dovifat, Zeitungslehre II
1044 Tölke, Talsperren
1045 Schubert, Technik des Klavierspiels
1051/1051a zu Stolberg-Wernigerode, Gesch. d. Verein. Staaten v. Amerika
1057 Roth, Thermochemie
1059 Hoheisel, Aufgabensammlg. z. d. gewöhnl. u. part. Differentialgleichungen
1061 Grodzinski, Getriebelehre I
1065 Haller, Von den Karolingern zu den Staufern
1070 Sauter, Differentialgleichungen der Physik
1078 Troche, Stahlbetonbau
1082 Hasse-Klobe, Aufgabensammlung zur Höheren Algebra
1084 Nusselt, Technische Thermodynamik I
1086 Müller, Dt. Dichten u. Denken
1088 Preller, Geschichte Engld. II
1092 Wickop, Fenster, Türen, Tore,
1094 Hernried, System. Modulation
1105 Hartung, Dt. Geschichte im Zeitalter der Reformation
1108 de Boor-Wisniewski, Mittelhochdeutsche Grammatik
1109 Knopp, Elemente der Funktionentheorie
1111 Naumann-Betz, Althochdeutsches Elementarbuch

AUTORENREGISTER

Kolibri 360 GmbH
Ferdinand-Jühlke-Straße 7
99095 Erfurt, Deutschland
produktsicherheit@kolibri360.de